HACKS INFALIBLES DE LA NEUROCIENCIA

Expande tu Mente, Desarrolla tus Habilidades Cognitivas y Transforma tu Vida con estos Poderosos Trucos

LOVELL REHBEIN

Índice

Prólogo

Dentro de cada una de nuestras mentes hay un hábil narrador de historias. Este contador de historias puede ser una gran ayuda para que nuestros sueños se hagan realidad, o puede ser una gran fuerza desmotivadora que nos mantenga atrapados en circunstancias no deseadas. Nos cuenta historias constantemente sobre todo, y puede programarse para influirnos y animarnos a alcanzar nuestros sueños. Tenemos pleno control sobre este contador de historias una vez que tomamos conciencia de él y empezamos a tomar decisiones para disponer sólo relatos positivos y reforzarlos de forma regular. Los que consiguen hacer realidad sus sueños son maestros en el control del narrador que llevan dentro. Lo utilizan en su beneficio para comprometerse con los tipos de condiciones externas que eligen deliberadamente para sí mismos.

. . .

La vida en sí también es muy interesante.

Es un remolino, una masa vibrante de energía en diversas configuraciones que siempre está cambiando. Esta energía, percibida a través de los sentidos, se edita en el cerebro mediante la programación de la mente subconsciente. Lo que percibes no es más que una representación de la realidad, tal y como tú la ves. Tus experiencias son la representación cerebral de la realidad, dictada por tu mente subconsciente. La mente subconsciente no es muy distinta de una máquina. Y esta máquina, en términos generales, se resiste al cambio; de lo contrario, tu realidad se alteraría con la misma frecuencia con la que te encuentras con un pensamiento diferente.

Posiblemente debido a la ambigüedad del material disponible sobre la ley de la atracción, muchas personas experimentan dificultades cuando intentan aplicar las técnicas correctas para manifestar sus deseos. Esto puede crear intentos frustrados para aquellos que pretenden atraer su vida intencionadamente; y los esfuerzos fallidos conducen a la creencia de que la ley de la atracción no funciona.

. . .

Puede ser complicado entender cómo gobernar el poder que posees, por lo que tendrás que aprender a dominar tu mente y los hábitos actuales que posee para obtener resultados óptimos.

Este libro está escrito con el propósito de aumentar el potencial de manifestación dentro de aquellos que eligen crear deliberadamente una existencia de selección detallada. Esto no sólo es posible de lograr, sino probable con las herramientas adecuadas y la dedicación precisa. Hay una gran cantidad de información sobre cómo y por qué funciona la ley de la atracción, pero no mucha instrucción sobre las formas en que realmente emplear las prácticas que crean resultados. Con estos ejercicios, trascender las limitaciones puede ser más fácil de lo que usted cree actualmente.

La primera parte del libro ofrece una sencilla introducción al razonamiento subconsciente para comprender mejor sus condiciones y circunstancias actuales. A esto le siguen consejos sencillos para empezar a cambiar cualquier resultado no deseado; esto es a lo que me refiero como lo básico.

. . .

Es posible que ya esté familiarizado con algunos de estos procesos básicos; sin embargo, vale la pena repetirlos como información fundamental y para subrayar su importancia.

Tras la información básica se incluyen ejercicios adicionales, consejos y trucos muy prácticos y fáciles de aplicar en la vida cotidiana. Cada proceso está diseñado para cambiar tu mentalidad y dejar de centrarte en la rutina diaria, y desbloquear la central de energía subconsciente que conlleva todo un nuevo mundo de posibilidades para ti. A menos que abras la caja de regalo que se te ha proporcionado, nunca podrás recibir el regalo que hay dentro. La intención de estos escritos es mostrarte cómo hacerlo.

Este libro fue creado para asistirte en la creación de nuevas creencias de tu elección y fe en tu habilidad para manifestar lo que deseas.

Si algunos de estos ejercicios te parecen inusuales, date cuenta de que tu mente tiene un conjunto muy rígido de reglas y directrices que sigue cada día para mantener su rutina lo más normal posible. Para crear nuevos resultados en su vida, debe establecer un nuevo conjunto de límites. A menudo es necesario salir de la zona de confort para lograr nuevos resultados. Los resultados individuales dependerán de la habilidad de ser lo suficientemente consistente para crear nuevos hábitos.

1

¿En qué consiste el hacking mental y cómo ayuda?

Cuando la mayoría de la gente oye la palabra "hacker", sólo piensa en alguien que escribe toneladas de código para robar dinero, perturbar el dispositivo de seguridad de un lugar o cometer cualquier otro delito utilizando la tecnología.

Sin embargo, el concepto de hackeo mental del que hablamos aquí tiene que ver con anexionar el poder de tu mente para crear el tipo de vida que deseas. Se ha descubierto que tus pensamientos se aglomeran para formar tus creencias, tus creencias se combinan para formar tus hábitos, tus hábitos determinan tus acciones y tus acciones determinan el tipo de vida que tendrás.

. . .

Mind-hacking es el proceso de mirar profundamente en su mente para controlar la fuente de todas las acciones - sus pensamientos.

Quiero compartir contigo las historias de varias grandes personas a lo largo de la historia que hackearon sus mentes para crear el tipo de vida que deseaban. Estas historias te ayudarán a ver la importancia de hackear la mente.

También te harán descubrir que sin hackear la mente, no seríamos capaces de hacer nada que valga la pena en este mundo.

Abraham Lincoln creció en una zona rural de Kentucky. Si ya sabe que llegó a ser Presidente de los Estados Unidos de América, pensará que creció con una cuchara de plata en la boca, pero fue todo lo contrario. Su padre no tenía estudios y su madre, que le enseñó a leer y escribir, murió cuando él sólo tenía nueve años. A partir de entonces fue prestado a granjeros que necesitaban obreros para trabajar para ellos.

Ahora se preguntarán, ¿cómo llegó a ser presidente de Estados Unidos? La respuesta sencilla es que hackeó su mente reprogramando sus pensamientos, creencias, acciones y finalmente obtuvo los resultados deseados.

Con gran pasión, compromiso y determinación, Lincoln utilizó la literatura para hackear su mente. Esto le ayudó a hacer frente a las exigencias del éxito. Construyó su mente con los escritos de Shakespeare y Esopo.

Desarrolló tanto su mente que se cree que algunos de los conocimientos que Lincoln tenía hace unos 150 años siguen siendo excepcionales hoy en día.

Además, tras convertirse en presidente de los Estados Unidos, Lincoln nombró miembros de su gabinete a los hombres a los que derrotó. Fue un líder revolucionario al que muchos líderes admiran hoy en día. Todas estas hazañas las consiguió porque hackeó su mente y la utilizó para crear el tipo de vida que deseaba.

Antes de fundar Foot Locker Company, Frank Woolworth trabajó en una tienda de productos secos. En aquella época, su jefe no le permitía atender a los clientes porque no tenía las aptitudes necesarias. Woolworth se metió en su mente y consiguió cambiar tanto su vida que, cuando fundó la Foot Locker Company, se convirtió en una de las mayores cadenas de comercialización del mundo.

Kristen Haded creó una empresa llamada Student Maid poco después de graduarse en la universidad a los 21 años.

Mientras estaba en la universidad, deseaba un par de vaqueros pero no tenía suficientes recursos para comprarlo.

Puso un anuncio en Craigslist diciendo que estaba disponible si alguien necesitaba a alguien para limpiar la casa. Afortunadamente para ella, alguien respondió al anuncio. Esta persona le enseñó a limpiar una casa y además la contrataba cada semana.

Cuando terminó sus estudios en la universidad, consiguió un contrato de limpieza que no podía completar sola, así que contrató a unos estudiantes para que trabajaran con ella. Su experiencia no fue nada buena. Fracasó estrepitosamente como líder. Alrededor del setenta y cinco por ciento de los estudiantes que trabajaban con ella dimitieron en un solo día. Fue entonces cuando vio la necesidad de cambiar de mentalidad. Empezó a aprender sobre liderazgo y a cambiar sus pensamientos, creencias, hábitos y acciones. El resultado fue que se convirtió en una líder excepcional con un equipo mejor y más feliz. Ahora enseña a otros a liderar.

A partir de estas historias debes haber descubierto que siempre hay una clara diferencia entre la vida de los individuos antes y después de hackear sus mentes. La vida se vuelve mejor y más impactante cuando se hackea la mente.

Beneficios de una mente hackeada

A continuación, se exponen algunos de los beneficios de hackear la mente.

- **Hackear tu mente ayuda a vivir una vida con propósito:** Mucha gente vive la vida por casualidad, los que hackean su mente viven por elección. Pueden hacer que las cosas sucedan cuando quieren, pueden elegir sus sentimientos, emociones, comportamientos, entre otros. Nada en la vida les domina.

- **Curaciones:** Cuando la mente es hackeada, el individuo puede experimentar curación de dolencias que tienen que ver con emociones y sentimientos como depresión, trastornos de pánico, entre otros. Los individuos con mentes hackeadas pueden controlar sus cerebros para crear un nuevo orden que resultará en la curación de sus cuerpos.
- **Creatividad:** Cuando la mente está hackeada, el individuo experimenta una mayor creatividad. Las personas que viven con la mente hackeada tienen mejores ideas que las que viven despreocupadamente. La creatividad aumenta con el hackeo de la mente.

2

Cómo llevarse bien con la mente subconsciente

La razón más prominente por la que la gente no logra convertirse en maestros del poder de su mente, y por lo tanto de sus condiciones externas, es porque no entienden cómo piensa el subconsciente. Dado que nuestro verdadero poder proviene de nuestra mente subconsciente, es esencial comprender las diferencias entre su papel y el de la mente consciente. Si su intención es utilizar su mente para atraer algo, o cambiar algo sobre usted mismo, es imperativo utilizar los métodos adecuados para alinearse delicadamente con el potencial masivo de la mente subconsciente con respecto a la vida en general. Para alterar los resultados, debemos acceder al propio ser subconsciente de tal manera que le permita cooperar y cambiar cualquier directriz subyacente o decisión oculta.

. . .

Mucho más capaz que cualquier macroordenador, el subconsciente almacena cada acontecimiento, suceso, emoción y circunstancia.

La programación del subconsciente se produce muy pronto. La mayor parte de esta programación se produce entre el nacimiento y los 7 años, pero seguimos programando bien nuestra mente subconsciente hasta los 16 años.

Los niños de 0 a 7 años aprenden más a nivel subconsciente que a nivel consciente. Todos esos datos se almacenan y están disponibles para ser recordados mientras navegamos por las circunstancias de nuestra vida. Esta parte de la mente contiene todas las razones por las que haces lo que haces y crees lo que crees. Si parece que no puedes cambiar tu forma de pensar, o hacer un cambio deseado en la vida, la clave la tendrá tu mente subconsciente.

Este subconsciente no funciona con lógica. Comparado con una grabadora de vídeo, no juzga ni analiza; simplemente graba lo que ve y oye. Tampoco hace distinciones entre lo correcto y lo incorrecto, o lo bueno y lo malo, a la hora de almacenar creencias. Lo que mucha gente no sabe de la mente subconsciente es su enorme complejidad y potencial.

. . .

Está abierta a los negocios y trabajando constantemente, absorbiendo información en segundo plano incluso cuando no estamos prestando atención. Es un guardián y un portero, que utiliza los datos almacenados de los acontecimientos para deducir probabilidades probables e indicarnos en consecuencia.

Gobierna los cinco sentidos, los músculos involuntarios, las emociones y la intuición, y también es responsable de comunicarse con el Yo Superior para manifestar la realidad cotidiana. Su capacidad es prácticamente ilimitada.

A menudo caemos en un modo de reacción "automático", basado exclusivamente en instintos subconscientes. El subconsciente no tiene más remedio que funcionar como un programa predeterminado a menos que se le diga lo contrario. El obstáculo para la mayoría de las personas que toman la decisión de crear conscientemente su vida de una manera deliberada es que no logran dejar una impresión completa en la mente subconsciente con respecto a su deseo. Deben desenredar los hechos arraigados que no les sirven y sustituirlos por otros que sí lo hagan para lograr los resultados deseados.

A medida que una persona se vuelve más consciente del papel del subconsciente, y es capaz de sintonizar con su programación, puede reprogramarla en una nueva dirección guiada por la conciencia consciente en lugar de por la programación social, parental o de cualquier otro tipo del pasado.

¿Te has preguntado alguna vez por qué a la gente le cuesta cambiar de creencias? Porque el subconsciente puede distorsionar los hechos, alterar la percepción o incluso hacernos ver cosas que no existen sólo para apoyar lo que ya ha establecido como un hecho.

Por ejemplo, las personas que creen que no caen bien a los demás pueden percibir las expresiones faciales de otras personas de forma que confirmen sus creencias. Es muy normal que una persona que cree que no cae bien a la gente interprete erróneamente una mirada o un gesto de tal manera que construya aún más sus creencias negativas sobre sí misma. La mente subconsciente desempeña el papel de buscar formas de establecer la verdad y la corrección, y lo hace de forma ininterrumpida y automática.

. . .

Además, los objetos que observamos se representan primero en nuestro cerebro antes de que los veamos por completo.

Durante ese proceso, la mente subconsciente puede interferir para hacernos ver las cosas de otra manera. Por ejemplo, una persona que teme a las serpientes puede pensar que un palo de madera es una serpiente incluso durante unos segundos antes de darse cuenta de que es sólo un palo de madera. En los casos en los que no es posible comprobar si el objeto existe realmente o no, la persona puede vivir con una percepción incorrecta de la realidad durante toda su vida.

Y lo que es más importante, la mente subconsciente se comunica constantemente con el Universo basándose en nuestras emociones internas programadas. Está en un modo "siempre encendido" con esta sustancia sin forma; esta divinidad.

Trabaja día y noche para hacer que tu comportamiento encaje en un patrón consistente con tus pensamientos emocionalizados. Basándose en la programación, combinada con la ley Universal de la vibración que afirma que somos como un diapasón enviando señales constantemente, la gente, los acontecimientos y las circunstancias son atraídos a nuestras vidas sin que seamos conscientes de ello. Esta es la razón por la que la tragedia a menudo viene de la nada para algunos, y por el contrario otros parecen tener una pata de conejo perpetua en el bolsillo.

Esta conexión entre el subconsciente y el Universo nos recompensa continuamente con las mismas cosas que transmitimos. Atraes lo que eres, no lo que quieres. Por esta razón, aquellos que han tenido una educación difícil, o traumas en la primera infancia y pre-adolescencia, deben ser especialmente conscientes de los siguientes procesos y trabajar diligentemente para reprogramar su mente subconsciente para que puedan atraer las cosas que ahora eligen tener en sus vidas.

Aunque estos hechos pueden hacer que parezca que la mente subconsciente trabaja en nuestra contra, su función más básica está arraigada en la supervivencia. Hará lo que sea necesario para garantizar nuestra seguridad, incluso en detrimento involuntario de la creación y recreación de circunstancias negativas en la vida. Siempre gravitará hacia lo que conoce, no hacia lo que es mejor para ti, porque le gusta lo conocido.

La mente subconsciente teme lo desconocido, porque no puede calcular un resultado conocido con una variable desconocida.

. . .

Por eso, muchas personas tienden a repetir pensamientos y comportamientos. Permanecerán en la misma relación no deseada, en el mismo trabajo no deseado o seguirán siempre cualquier camino conocido porque es lo que conocen y su mente entiende el resultado final. Las directrices basadas en decisiones tempranas de supervivencia o en influencias genéticas tienen la máxima prioridad. Cuando alguien toma una nueva decisión mientras intenta superar o reemplazar una directiva de supervivencia subconsciente, el resultado puede ser el autosabotaje y el fracaso basado en esto.

Afortunadamente, tenemos el don consciente del libre albedrío y la elección. Sin embargo, controlar conscientemente la mente subconsciente no es algo que pueda hacerse con la fuerza o la coacción. El acto de aplicar conscientemente la fuerza de voluntad envía señales de lucha a la mente subconsciente, creando así resistencia. Además, la mente subconsciente lee nuestras emociones tan intrincadamente como nuestros pensamientos. Si ambos son congruentes, la mente subconsciente acepta la idea o el pensamiento como un hecho. Esto es cierto tanto si se trata de algo positivo como negativo; la mente subconsciente no nota la diferencia.

. . .

Lo que más importa es que los pensamientos, las imágenes mentales y las emociones estén alineados. Esto pone a la mente subconsciente en acción para hacer realidad nuestras ideas.

No cabe duda de que la mente humana es un centro neurálgico infrautilizado y muy desaprovechado. Un individuo medio utiliza menos del 10% de la capacidad de su mente. En consecuencia, debes comprender claramente que puedes aprovechar el poder de tu mente para tu desarrollo personal. Cualquier cosa que deseemos atraer y crear debe ser impresa en la mente subjetiva o subconsciente con los métodos y la consistencia adecuados.

Estás diseñado para hacer algo más que sobrevivir. Con la acción consciente y la alineación, este mecanismo también tiene la capacidad de asegurar que prosperes. Esta parte de la mente se originó para estar abierta a tu influencia directa, e idealmente las dos mentes, consciente y subconsciente, están creadas para trabajar juntas en tu beneficio. Tu mente subconsciente ha estado esperando a que tomes conscientemente las riendas de tu vida, de forma consistente, desde que has tenido las capacidades cognitivas para hacerlo, que para la mayoría es entre los 20 y 25 años de edad.

. . .

Cualquier sufrimiento emocional que puedas experimentar en la vida se genera para incitar a la pausa y a la reflexión, y para sugerir la realización de cambios internos.

Es un subproducto de no aceptar que estás cableado para enfrentarte a ese dolor que tiene la capacidad de sacarte de lugares cómodos que obstruyen la evolución. En otras palabras, tienes la tendencia a resistirte al cambio hasta que el dolor de no cambiar es mayor que el de cambiar. Tu mente intenta transmitirte su sabiduría, y el dolor es uno de sus mensajeros.

Como en cualquier relación sana, cada uno de nosotros necesita aprender a comunicarse eficazmente con su yo interior de forma que se establezca una relación, se fomente la compasión, la comprensión, la aceptación y el honor, y se cree la sensación de seguridad necesaria para permanecer empáticamente conectados con nosotros mismos y con la vida que nos rodea.

10 consejos para dominar el subconsciente

En este capítulo encontrarás 10 consejos para empezar a dominar conscientemente tu poder mental. Puede ser que usted consciente de, o incluso la práctica, muchos de los puntos señalados aquí. La mayoría de las personas que están bien informadas en los principios de la ley de la atracción, sin duda, tendrán una cierta comprensión de los conceptos básicos como la visualización, afirmaciones y meditación.

Sin embargo, puede valer la pena estudiar estos consejos y la información dada para solidificar su conocimiento, así como para obtener una comprensión del razonamiento y la importancia de la ejecución de estas acciones de una manera precisa. Si considera que domina suficientemente estos conceptos, pase para empezar a poner en práctica los ejercicios propuestos.

Asumir riesgos

Los hombres y mujeres superiores siempre se esfuerzan y salen de su zona de confort. Son muy conscientes de lo rápido que la zona de confort, en cualquier ámbito, puede convertirse en una rutina. Saben que la autocomplacencia es el gran enemigo de la creatividad y de las posibilidades de futuro. Como ya se ha dicho que lo desconocido asusta al subconsciente, el riesgo se convierte en un factor importante para el éxito. Esto facilita el cambio al anular las normas existentes.

. . .

Para crear un cambio en su patrón subconsciente, debe permitir una variable desconocida, algo diferente de lo que la mente ya conoce. La mente cree que lo sabe todo. Y, en cierto modo, lo sabe. Sabe todo lo que sabe. Incluso puede saber todo lo que es posible, pero debe creer en esas posibilidades de forma individual.

Si quieres una nueva vida, debes desafiar a tu subconsciente haciéndole buscar nuevas variables. Esté dispuesto a sentirse torpe e incómodo haciendo cosas nuevas las primeras veces.

Tu mente subconsciente te hace sentir emocional y físicamente incómodo cada vez que intentas hacer algo nuevo o diferente, o cambiar cualquiera de tus patrones de comportamiento establecidos. Sin embargo, la asunción de riesgos empuja los límites y crea zonas de confort avanzadas y ampliadas en la mente subconsciente.

Existe la idea errónea de que asumir riesgos puede ser perjudicial. La verdad es que asumir riesgos no es más arriesgado que ir a lo seguro o mantener el statu quo. De hecho, a menudo, al no innovar, hacer cambios y avanzar en diferentes áreas de nuestras vidas, nos abrimos a la posibilidad de estancarnos y quedarnos atrás. Sin asumir riesgos, la oportunidad de crecer más allá de lo que ya se está experimentando disminuye drásticamente. El riesgo ofrece nuevas causas que ponen en marcha nuevos efectos.

Al asumir riesgos, siempre existe la posibilidad de cometer errores o incluso de no obtener los resultados deseados con el intento. Sin embargo, las personas con más éxito del mundo entienden que fracasar es lo que, en última instancia, les impulsa a alcanzar sus objetivos. Es su percepción del llamado fracaso lo que difiere de la mayoría.

El fracaso les parece bien porque comprenden la recompensa de su esfuerzo. Si un riesgo no les sale bien, se plantean un nuevo riesgo en lugar de asumir una derrota permanente; en consecuencia, esto altera los límites de su patrón subconsciente.

Con este tipo de acción y actitud, la mente subconsciente no tiene más remedio que ceder ante el hecho de que la mente consciente ha decidido rígidamente que continuará repitiendo intentos hasta que tenga éxito. Una vez que este tipo de rendición ocurre dentro del subconsciente, los límites existentes son reemplazados por estándares más grandes y grandiosos que atraen nuevos resultados alineados con la petición consciente.

AutoInquisición

Una forma poderosa de cambiar la mente subconsciente es haciéndole preguntas. Las preguntas dan cabida a las variables desconocidas ya mencionadas y abren la mente a la búsqueda de nuevas respuestas. El subconsciente está diseñado para ayudarle a obtener una respuesta o a resolver un problema que le resulta difícil, utilizando el camino más rápido hacia la solución. Funciona según el principio del menor esfuerzo y sigue el camino de menor resistencia. Una vez más, para garantizar tu supervivencia.

¿Puedes ignorar una pregunta? ¿Puedes ignorar ésta? Hay que tener en cuenta que tu subconsciente respondió a cada una de esas preguntas antes de que crearas conscientemente una respuesta. El cerebro no puede ignorar una pregunta; debe procesar la pregunta en una respuesta antes de considerar siquiera que la pregunta es una pregunta. Esto es algo que podemos utilizar a nuestro favor.

El truco está en formatear las preguntas de manera precisa para traspasar los muros de la mente subconsciente. Un estilo de pregunta que lo permite es: "¿Qué más es posible que aún no haya considerado?". Con una pregunta como ésta, la mente subconsciente debe ir automáticamente en busca de algo desconocido porque ya ha considerado todas las posibilidades de las que es consciente. Y seguirá buscando hasta que encuentre la respuesta.

Formular preguntas sobre sus deseos hace que el subconsciente busque las respuestas inmediatamente.

Algunos ejemplos podrían ser: "¡Qué guay es que tenga tanto dinero!". "¿Qué voy a hacer con todo este dinero extra?". "¿Qué necesito para salir adelante en la vida?"

"¿Cómo puedo hacer esto realidad?". Tu mente subconsciente no puede ignorar estas preguntas. Inmediatamente las procesa e intenta responderlas.

Aunque puede que conscientemente no se te ocurra la

respuesta, tu cerebro ya ha respondido a la pregunta, y tu subconsciente está guardando la respuesta para ti.

La mente subconsciente también se relaciona con preguntas del estilo "qué pasaría si...". Por ejemplo: "¿Y si tuviera éxito en mis objetivos? ¿Cómo sería eso?". Cuando seguimos haciéndonos preguntas y seguimos en busca de más preguntas, somos capaces de crear más cambios en nuestras vidas.

A través de la búsqueda subconsciente de respuestas, la mente llega a conclusiones que abren la posibilidad de un mayor crecimiento. Desafiar constantemente a la mente subconsciente con preguntas del estilo "¿Qué más es posible?" y "¿Y si...?" la mantendrá alerta metafóricamente para crear los resultados deseados.

Esta técnica, que puede formatearse de la manera que más le convenga, se conoce como autoinquisición. La utilizaron músicos como Ludwig Beethoven, J.S. Bach y también Thomas Edison y muchos otros inventores. Thomas Edison practicaba la autoinquisición sentándose en su sillón favorito y descansando ligeramente mientras sostenía bolas de metal en la mano suspendidas sobre un cuenco metálico. Durante este descanso, se concentraba en una pregunta sobre un problema que intentaba resolver.

En el momento en que empezaba a dormitar, su mano se relajaba y las bolas chocaban contra el cuenco metálico, despertándole. Esto permitía a Edison permanecer suspendido entre el estado de sueño y el de duermevela, donde tenía acceso a la información de su subconsciente. Este particular estado de somnolencia, combinado con la autoinquisición, es un terreno de juego creativo ideal que tiene el poder de manifestar soluciones con una precisión fenomenal.

Para aumentar el porcentaje de éxito de la autoinquisición, haga preguntas justo antes de dormir, cuando esté relajado y a punto de quedarse dormido. La función de la mente subconsciente es almacenar y recuperar datos, y muchas personas se despiertan después de dormirse con una pregunta en mente y descubren que la respuesta al siguiente paso hacia su objetivo les ha llegado milagrosamente.

Pensamientos potenciadores y afirmaciones precisas

. . .

Recuerda que tu subconsciente está constantemente escuchando cada pensamiento consciente y cada conversación que mantienes contigo mismo o con los demás. Por lo tanto, elige pensamientos que te den poder y afirmaciones precisas. Cuando crees de todo corazón en afirmaciones positivas y precisas sobre tu perspicacia y tus habilidades personales, tu cerebro imprimirá estas creencias en nuevas vías neuronales y creará los resultados deseados.

El mejor método de aprovechar el poder ilimitado de su mente subconsciente es llegar a ser consciente de lo que realmente está pasando dentro de su mente consciente. Muy pocas personas se preocupan por lo que están pensando en el transcurso de un día, permitiendo que pensamientos aleatorios pasen por sus mentes. Por el contrario, las personas de éxito ejercen un tremendo control sobre sus pensamientos.

Usted tiene la capacidad de utilizar favorablemente la ley de la atracción dentro de su mente subconsciente cuando usted elige y controla sus pensamientos intencionalmente.

El pensamiento suele ser una mezcla de palabras, frases, imágenes mentales y sensaciones. Los pensamientos son visitantes que llaman a la estación central de la mente. Llegan, se quedan un rato y luego desaparecen, dejando espacio a otros pensamientos. Algunos de estos pensamientos permanecen más tiempo, ganan poder y afectan a la vida de la persona que los piensa. Es de vital importancia tener cuidado con lo que entra en la mente subconsciente. Las palabras y los pensamientos que se repiten se fortalecerán con la repetición, se hundirán en la mente subconsciente y afectarán al comportamiento, las acciones y las reacciones de la persona implicada, así como a las condiciones y circunstancias externas.

La mente subconsciente considera que las palabras y los pensamientos que se alojan en su interior expresan y describen una situación real y, por lo tanto, se esfuerza por alinear las palabras y los pensamientos con la realidad. Trabaja diligentemente para que estas palabras y pensamientos tengan existencia real en la vida de la persona que los dice o piensa. Si eliges conscientemente los pensamientos, frases y palabras que repites en tu mente, tu vida empezará a cambiar. Comenzarás a crear nuevas situaciones y circunstancias a través del poder de las afirmaciones.

Las afirmaciones son frases que se repiten a menudo durante el día, y que se hunden en la mente subconsciente, liberando así su enorme poder para materializar la intención de las palabras y frases en el mundo exterior.

Esto no significa que cada palabra que pronuncies vaya a dar resultados. Para que la mente subconsciente entre en acción, las palabras deben decirse con atención, intención y sentimiento.

Para obtener resultados positivos con este método, las afirmaciones deben estar redactadas en términos positivos. A la mente subconsciente le cuesta procesar las negativas, como las palabras no y no. Si le digo que no piense en un elefante rosa, ¿en qué estará pensando? Lo más probable es que sea un elefante rosa. En la vida cotidiana, muchos dicen cosas como: "No me gusta mi situación financiera", y el subconsciente sólo puede ver y oír: "Me gusta mi situación financiera". Esta es la razón para asegurarse de que las afirmaciones y los pensamientos diarios estén estructurados de forma positiva. También es la razón exacta por la que hablar de lo que "no" queremos a menudo se manifestará.

La palabra negativa "no" es anulada por la mente subconsciente, dejando sólo la cosa no deseada para ser creada.

Cuando sus objetivos están integrados correctamente, activan la ley de la expectativa dentro de su mente subconsciente. Se trata de nuevas creencias sobre lo que es realmente posible que usted logre. En consecuencia, esto inicia la ley de la emoción y la ley de la correspondencia dentro de su mente subconsciente. En consecuencia, su nivel de energía aumenta drásticamente y su creatividad se estimula de manera significativa.

Repetición

Una de las grandes reglas que sigue la mente subconsciente es que las creencias que mantiene se crean y se fortalecen a través de la repetición. La repetición puede adoptar diversas formas, como leer la creencia, escucharla, visualizarla o afirmarla mentalmente. Combinada con la emoción y la sensación, la repetición es el catalizador de todo cambio subconsciente.

Para crear nuevas creencias, los pensamientos y las afirmaciones deben repetirse constantemente como medio para desarrollar nuevos comportamientos de piloto automático.

¿Recuerdas la primera vez que aprendiste a conducir un coche? Se requería la máxima concentración y una acción consciente para manejar el vehículo de forma que garantizara su seguridad y precisión. Cada segundo se pasaba concentrado en cómo conducir eficazmente. Al final, con la repetición y la dirección consciente, conducir un vehículo se convierte en algo automático. El subconsciente toma el control en plan "Ahora sé lo que tengo que hacer, puedes relajarte". Al final, se convierte en una acción subconsciente en la que la mente entra en un estado de ensoñación mientras el cuerpo te lleva a tu destino sin pensarlo dos veces.

Así es exactamente como funciona la mente subconsciente con todo comportamiento establecido. Si su comportamiento y sus creencias no conducen a los resultados que busca, tiene la opción de cambiarlos conscientemente. Sin embargo, la mente subconsciente debe tomar esta directiva con la repetición constante y practicada hasta que se convierta en automática. Además, las células de su cuerpo tienen la capacidad de aprender muchas acciones diarias, asumiendo así muchas funciones de la mente. Toman la dirección de su mente subconsciente para asegurarse de que están en consonancia con las solicitudes que se relacionan con las creencias.

Esta parte de la mente se asegura de que su comportamiento y su cuerpo físico respondan exactamente de la forma en que están programados. A través de la repetición, una nueva programación puede reemplazar modos anticuados de comportarse.

Al igual que para fortalecer los músculos del cuerpo hay que ir al gimnasio con regularidad, los músculos mentales requieren la misma dedicación repetitiva y constante para lograr cambios duraderos en la mente. Los resultados deben pasar del pensamiento consciente, al pensamiento habitual y a la comprensión automática subconsciente. Cada persona es diferente, pero la repetición suele volverse automática entre los 60 y los 90 días. Algunas personas son capaces de cambiar su comportamiento automático en 30 días, mientras que otras pueden necesitar hasta 6 meses o más. La clave es permanecer constante hasta que te des cuenta de que tu nuevo comportamiento es automático.

Autosugestión

La autosugestión es una forma de sugestión autoinducida en la que los pensamientos, sentimientos o comportamientos de un individuo son guiados por uno mismo. Va un paso más allá de las afirmaciones positivas. Las afirmaciones tienen una estructura amplia, mientras que las técnicas de autosugestión evitan la mente pensante y la conciencia del cuerpo material y se utilizan para afirmar el espíritu humano único. En esencia, es la charla tranquila que nos decimos a nosotros mismos, sobre nosotros mismos. Y cuando hablamos con nosotros mismos, hablamos con nuestra mente subconsciente.

Mientras que tu mente consciente es tu mente lógica, racional y analítica, tu subconsciente es tu mente ilógica, irracional y no analítica. Creerá algo tanto si tiene sentido lógico como si no. Nunca cuestiona lo que le dices con exactitud. La autosugestión es una gran herramienta para moldear eficazmente la mente subconsciente para atraer los deseos mediante la afirmación de lo que usted elija ser. Una vez más, esto requiere una repetición constante.

Te des cuenta o no, probablemente has estado utilizando técnicas de autosugestión durante toda tu vida. Si alguna vez te has sugerido a ti mismo que eres rico, pobre, gordo, flaco, afortunado, desafortunado, etc., has utilizado la autosugestión. Para utilizarla de la forma más eficaz para las cosas que deseas, ponte en un estado de relajación profunda.

Si conoces técnicas de autohipnosis o meditación que te ayuden a conseguirlo, utilízalas. Si no, simplemente cierra los ojos y sigue tu respiración durante unos minutos mientras cuentas hacia atrás de veinte a uno.

Practica el uso de afirmaciones "YO SOY" que reflejen positivamente tu nuevo yo. Esto afirma tu sugestión en el momento presente y en primera persona, y te centra en el momento preciso de la sugestión. Presta toda tu atención a las autosugestiones, repitiéndolas una y otra vez. Algunos ejemplos podrían ser: "Soy abundante en todos los ámbitos de la vida", "Soy un imán para las experiencias positivas" o "Soy la persona más afortunada que conozco".

Cuando estas autoafirmaciones se pronuncian con regularidad, acaban calando en la mente subconsciente y se toman al pie de la letra. Las palabras y frases positivas relativas a la naturaleza del yo tienen la capacidad de cambiar tu mundo interior, crear nuevas creencias, alterar las vibraciones y, a su debido tiempo, cambiar tu realidad. Comienzan a crearse nuevas ondas cerebrales y la estructura de funcionamiento de tu cerebro inicia un proceso de cambio permanente. Tras años de investigación, los neurocientíficos han descubierto que cuando enviamos nueva información al cerebro, se crean nuevas vías de comunicación entre las neuronas. El cerebro puede entonces dar forma y manifestar una nueva existencia.

. . .

Visualización e imaginación

Afortunadamente, el subconsciente no conoce la diferencia entre lo que es real y lo que es imaginario. Por ello, tienes la opción de controlar conscientemente tu mente subjetiva.

Si tu intención es utilizar cualquiera de los métodos mencionados, imagina siempre que lo estás haciendo en el AHORA. La mente subconsciente nunca estará en desacuerdo contigo, creerá que no lo tienes, o creerá que no has hecho el cambio cuando la visualización es implementada correctamente.

La mente subconsciente no trabaja con el lenguaje, sino con las imágenes, el sonido, el gusto, el olfato, el tacto, la vista y las emociones. Pensamiento, sensación y emoción son la suma de toda nuestra experiencia. Así es como la mente registra y se relaciona con cualquier acontecimiento. Imagínese que toca una estufa caliente y lo que siente en la mano.

O, cuando piensa en la palabra limón, puede ver un limón, o incluso sentirlo, olerlo o saborearlo. Este es su subconsciente trabajando para usted. Fíjate en lo fácil que es.

Una vez más, el subconsciente no distingue entre imaginación y realidad. Por consiguiente, cuanto más específicas sean sus visualizaciones, más información proporcionará a su subconsciente. Esto provoca un cambio positivo en el comportamiento. Nuestra mente consciente tiende a centrarse y visualizar acontecimientos pasados, que a menudo pueden ser negativos. Visualizar el resultado final en el presente, con todas las sensaciones y sentimientos que puede crear, engaña sutilmente a su subconsciente para que crea que está sucediendo realmente.

El subconsciente es capaz de centrarse en un panorama más amplio y no se limita únicamente a lo que ha sucedido antes. Lo que esto significa es que, si eres capaz de "verte" a ti mismo con éxito en tu mente, tu subconsciente lo procesará como una realidad. Los atletas son el grupo más notable que utiliza la visualización como herramienta para rendir mejor, pero cualquiera de nosotros puede hacer lo mismo. De hecho, la visualización es tan poderosa que, según la teoría psiconeuromuscular, tus músculos pueden fortalecerse simplemente visualizándolos.

. . .

Durante la visualización, entra en un estado relajado y cómodo. Imagina cómo es tu vida con todos tus deseos y anhelos en su lugar. Es importante que te centres únicamente en el resultado final que deseas, sin pensar en cómo se ha producido. Ponte en la visualización, viéndola desde un punto de vista en primera persona, en lugar de observarte a ti mismo. Y lo que es más importante, entrena tu mente para incorporar todos los estados de ánimo que puedas durante el proceso de visualización. Huela el aire, vea el entorno y la gente con la que está, toque los objetos, sienta cómo camina, pruebe su comida favorita, oiga los sonidos que le rodean. Como ya hemos dicho, tu subconsciente habla con fluidez el lenguaje de los sentimientos. Cuanto más seas capaz de integrar estas sensaciones durante este proceso, más comenzará tu mente subconsciente a buscar su actualización y manifestación.

Expectativa

El poder de las expectativas controla subconscientemente tu vida para crear profecías autocumplidas. Las expectativas son el plan maestro de tu subconsciente. Tu creencia de que eres un tipo concreto de persona, con un papel concreto, genera las expectativas que pueden hacer que tengas éxito o que fracases. Las expectativas pueden llenarte de energía para lograr más, o hacerte infeliz e insatisfecho. Por desgracia, las expectativas de muchas personas se ven limitadas por sus primeras experiencias en la vida.

Sin embargo, si quieres hacer cambios positivos con respecto a tu realidad, descubrir formas de cambiar tus expectativas es un componente poderoso.

Su mente subconsciente recuerda miles de sus actividades habituales sugeridas para ser almacenadas por el cerebro como instantáneamente recuperables. Todas las células nerviosas reconocen patrones combinatorios. Las células que no están relacionadas con su preocupación actual se inhiben, ya que no reconocen un patrón de enlace. En todo el sistema nervioso hay circuitos neuronales que desconectan otros circuitos cuando se activan sus propias áreas. Como resultado, el contexto se identifica a través de la eliminación.

Todo lo que haces funciona así. Para cada palabra de tu discurso, este sistema elimina todas las palabras de tu vocabulario que no se ajustan a la expresión de tu idea.

De la misma manera, este mismo mecanismo puede reducir tu abanico de expectativas, a menos que se las desafíe con la repetición para crear otras nuevas.

Puede resultar agotador para la mente permanecer en un lugar de expectativas positivas cuando se encuentra en una situación vital "percibida" como negativa. Siendo la máquina de supervivencia que es, a menudo llegará a alguna proyección o suposición negativa sobre la situación.

Aquí es donde es importante tener una profundidad en tu ser que te permita permanecer abierto a los movimientos de la mente sin estar totalmente identificado con ella. Este espacio evita que tu vibración se vea totalmente influenciada por la negatividad de la mente y, por lo tanto, garantiza espacio para permitir que se desarrollen nuevas expectativas y soluciones sin coacción.

Comience a cambiar sus expectativas en anticipaciones más deseables a través de la eliminación de cualquier refuerzo de suposiciones negativas que su mente le entrega. Simplemente permite que estas suposiciones sean como son, y luego permite que se vayan de la misma manera -- sin ningún apego a ellas, negativo o positivo. La mejor actitud que puedes tener es no llegar nunca a una conclusión negativa sobre nada de lo que ocurre, sino verlo todo como un paso hacia una realidad más positiva.

Este lugar de abierta expectativa positiva es un poderoso estado del ser que te mantiene alineado con tu corriente vital, permitiendo una rápida manifestación de soluciones y realidades deseadas.

Además, alimentar la confianza en uno mismo y los éxitos generará de forma natural expectativas positivas. Este es el razonamiento que hay detrás de enseñar repetidamente a tu mente que YA eres estas cosas. Una forma de hacerlo es ser consciente de cualquier cosa alegre de la vida, por trivial que parezca. Por pequeña que sea la recompensa, la expectativa libera dopamina y te da energía. Al notar conscientemente las cosas que te aportan felicidad, entrenas a tu cerebro para que inicie subconscientemente la búsqueda de más. Esto, a su vez, crea nuevas expectativas en la mente subjetiva.

Deja ir cómo se manifestarán tus deseos

El "cómo" ocurre algo y el poder de las expectativas van de la mano. La mente nunca puede saber por qué ha ocurrido un acontecimiento, como tampoco puede conocer el contexto general de cómo ocurrirá algo en el futuro. Simplemente busca variables y las atrae.

Cuando una persona establece expectativas estrechas con respecto a cómo debería tener lugar un resultado en particular, y ve que ocurre algo diferente, crea la sensación de sentirse defraudado, o ansiedad, que puede sabotear completamente lo que se está creando a su favor.

Por otro lado, si esa persona se permite permanecer en un lugar de expectativa positiva, sin crear ninguna conclusión negativa sobre la forma en que un evento en particular debería suceder, se mantiene libre de resistencia y permite así que su mente subconsciente haga surgir la realidad que es mucho mejor de lo que su mente podría anticipar. A veces, lo que a la mente le parece negativo forma parte del proceso de desarrollo hacia una realidad más positiva.

Evitar las conclusiones negativas y permanecer en un lugar de expectativas positivas en todas las situaciones es la forma más poderosa de permitir que el bienestar fluya constantemente hacia tu realidad.

. . .

Dado que la mente es un solucionador natural de problemas, dejar ir la forma en que las cosas llegarán a ser a menudo parece contrario a la intuición. Sin embargo, aprender a rendirse a ese proceso libera cualquier oposición que la mente intente crear. Date cuenta de que tu mente no tiene la capacidad de saber lo suficiente sobre la miríada de detalles y complejidades del asunto para encargarse del trabajo, ni es necesario que lo haga.

Además, los procesos ofrecidos anteriormente animan a vivir mentalmente en un estado "como si ya fuera mío". Debes sentir como si ya tuvieras tu deseo antes de tenerlo realmente. Una vez que esto sucede, a través del proceso repetitivo, el "cómo" se vuelve irrelevante porque la mente cree en el resultado final del deseo cumplido. No hay necesidad de que la mente subconsciente recuerde al intermediario del "cómo" sucedió porque no importa en ese momento. Simplemente "es". Esto demuestra la fe necesaria que crea milagros en la vida de una persona.

Meditación

Si permitimos que nuestro cerebro izquierdo/lógico se aparte del camino, creamos espacio para que la realidad del cerebro derecho se manifieste, creando más equilibrio y alegría en nuestra conciencia y en nuestra vida. El cerebro derecho es el hogar de la mente subconsciente. Mediante la meditación, activamos el hemisferio derecho y el izquierdo entra en un estado de reposo. De este modo, el hemisferio derecho del cerebro adquiere mayor preponderancia. Desde este espacio, si establecemos nuestros deseos e intenciones, podemos manifestar y crear deliberadamente de una manera más eficaz. Esto equilibra ambos hemisferios del cerebro y ofrece más poder. En otras palabras, tomar decisiones conscientes para trabajar en tus manifestaciones deja espacio para que la mente subconsciente tome la directriz.

Si no tienes experiencia con la mediación, siéntate en un lugar tranquilo, cierra los ojos y relaja la mente y el cuerpo respirando profunda y largamente. Observe que sus pensamientos entran aleatoriamente, y luego déjelos alejarse sin ningún apego emocional. Empieza a observar conscientemente tu respiración natural. Si te das cuenta de que te dejas llevar por tus pensamientos, vuelve a centrarte en la respiración. Poco a poco, la cantidad de pensamientos se reducirá a medida que tu respiración se vuelva más rítmica y tu cuerpo físico se relaje. Concentra tu atención en tu intención. Cualquier cosa en la que te concentres en este estado estará en un espacio que se imprimirá directamente en tu subconsciente.

. . .

La meditación es una forma de sueño consciente. Los científicos han encontrado pruebas de que las personas que practican la meditación son más conscientes de su actividad cerebral inconsciente, lo que conduce a una sensación de control consciente sobre sus cuerpos, así como sobre su realidad. De la misma manera que se duerme para obtener energía para el funcionamiento diario, la meditación ayuda a obtener energía creativa para lo que se pretende conseguir.

Permite a una persona aprovechar conscientemente el poder de su subconsciente para lograr sus objetivos, y se ha demostrado que permite a las personas alcanzar un estado de conciencia superior, una mayor concentración, creatividad, autoconciencia y un estado mental más relajado y pacífico.

Cuando una persona medita con regularidad, la parte del cerebro que constantemente hace referencia a ti, a tu perspectiva y a tus experiencias, y su fuerte y estrecha conexión con las sensaciones corporales y los centros del miedo, empieza a romperse. A medida que esta conexión se debilita, ya no existe la suposición de que una sensación corporal o un sentimiento momentáneo de miedo significan que algo va mal, o que el yo es el problema. Por lo tanto, la capacidad de ignorar las sensaciones de ansiedad aumenta a medida que se empieza a romper esa conexión, dejando una mente subconsciente más positiva, sana y racional.

Con el tiempo y la práctica, las personas se vuelven más tranquilas, tienen una mayor capacidad de empatía y descubren que tienden a responder de forma más equilibrada a las cosas, las personas o los acontecimientos de su vida. Este tipo de comportamiento transmite una frecuencia favorable para producir resultados positivos en lo que respecta a los deseos. Aun así, para mantener las nuevas vías neuronales que se desarrollan a través de la mediación, es importante la práctica diaria. Hay que tener en cuenta que existen muchas técnicas de meditación y que cada persona debe encontrar la que mejor le funcione.

Conviértete en un receptor consciente

Uno de los mayores secretos para conseguir lo que deseas es enseñar a tu mente subconsciente que eres un receptor de las cosas que deseas. Debes emitir la señal de que eres digno de obtener todo lo que deseas, y luego estar abierto a recibir esas cosas. Imagina que tu mente tiene una antena disponible para enviar y captar vibraciones con el fin de hacerte llegar tus peticiones. Del mismo modo que un receptor de radio utiliza una antena para captar las ondas de radio, procesa las que vibran en la frecuencia deseada y luego emite el sonido a través de unos altavoces, tu mente utiliza las vibraciones de forma similar.

Si te sientes indigno, no lo suficientemente bueno, desconectado y no querible, esa no es tu auténtica verdad.

La verdad real es que naciste digno y perfecto y no hay nada que tengas que hacer, ser o tener que te quite eso. Esas creencias no son más que viejos programas.

Curiosamente, la mayoría de las personas son mejores dando que recibiendo. Esto se debe a que dar proporciona a la persona una gran alegría, o una recompensa para la mente. Recibir es un arte que requiere práctica. Requiere intimidad y tolerancia. Sin embargo, ser un buen receptor honra al dador ofreciéndole la misma recompensa a cambio: el placer de verte recibir. No hay nada malo en recibir; de hecho, toda la vida quiere celebrar el placer de vernos hacerlo. Además, cuanto más podamos recibir, más tendremos para devolver.

. . .

Practica recibiendo los cumplidos con generosidad y sin desviar la atención hacia la otra persona. Di "gracias" y acepta sentirte incómodo al principio. Al principio, esto puede resultar extraño para tu mente; sin embargo, verás que, tras varias repeticiones, cada vez te sentirás menos incómodo y apreciarás más los cumplidos y a ti mismo. Esto crea un nuevo límite al que tu mente puede abrirse.

Observa cuando ocurre algo bueno en tu vida y extiende tu agradecimiento. La gratitud es el reconocimiento de que lo que está ocurriendo te ofrece placer para que puedas recibir más. También demuestra que eres un receptor de bondad.

Cuanto más agradecido estés por lo que ya tienes, más podrás recibir. La mente subconsciente buscará diligentemente más de lo que te agrada basándose en los estados de sentimiento implicados. En lugar de centrarte en lo que no tienes, agradece todo lo que sí tienes: cualquier situación, relación, objeto y, sí, incluso tus retos. Te están ayudando a crecer y a crear más de lo que deseas.

Empieza a decirte a ti mismo "Soy digno" tantas veces como creas que debes hacerlo hasta que se convierta en una creencia. Cuanto más utilices esta autosugestión, más te revelará tu subconsciente la verdad de esa afirmación. Comprométete a cumplir tus deseos y date cuenta de que toda la vida está aquí para apoyarte.

Y lo que es más importante, practica formas de amarte a ti mismo, sin necesidad de la aprobación de los demás. Esta energía amorosa atrae naturalmente hacia ti más de lo que amas.

Practica, practica, practica....

Alterar la mente subconsciente en tu beneficio es una práctica, no una filosofía. Es decir, si de verdad quieres un cambio en tu vida, se requiere tiempo y esfuerzo para conseguirlo. La mente subconsciente es una potencia con capacidad ilimitada y cualquiera tiene la opción de reprogramarla para que trabaje a su favor, o de ser esclavo de su condicionamiento previo. Al permitir que tus sistemas de creencias cambien, te abres a nuevas experiencias y posibilidades en tu vida. Esto también permite que tus intenciones se manifiesten más fácilmente.

Reconoce que tus pensamientos y sentimientos no son más que energía pura e intensa. Lo que piensas en tu mente, sientes en tu cuerpo y, por tanto, llevas como creencias, influye directamente en lo que atraes. En consecuencia, cada uno de nosotros tenemos la capacidad de dirigir energía positiva a nuestra mente para modelar la vida que deseamos. Cada uno de nosotros tiene la opción de utilizar este inmenso poder mental para conseguir una gran riqueza, la pérdida de peso deseada, relaciones satisfactorias, un cuerpo sano y experiencias divertidas.

Hay personas que se han recuperado milagrosamente de enfermedades terminales y han manifestado una enorme abundancia simplemente aprovechando el poder de su mente subconsciente.

Tu mente consciente tiene la capacidad de ser el jardinero de una mente equipada para cultivar cualquier cosa que plantes. Decide conscientemente qué semillas utilizar y colócalas en el jardín de tu mente subconsciente con los siguientes ejercicios. Cubre suavemente las semillas y riégalas a diario mediante la aplicación. Pronto, en algún lugar bajo la tierra, empieza a suceder algo maravilloso. La asombrosa tierra de la mente subjetiva reacciona con la semilla. Con el continuo estímulo del jardinero a través del esfuerzo consciente, una plántula brotará del alma y alcanzará el sol. Tu mente subconsciente es donde se produce esta milagrosa acción creativa. Nútrela adecuadamente y todos tus deseos florecerán.

3

Preparar su mente subconsciente para un mayor éxito

La mente subconsciente es como una tierra muy fértil que da los frutos que se plantan en ella. Todos los pensamientos y conversaciones a los que te expones van a parar a tu mente subconsciente. Mientras que la mente consciente puede pensar con lógica y descartar algunas opiniones, la mente subconsciente acepta todo lo que se le transmite.

Además, la mente subconsciente no puede diferenciar entre imaginación y realidad. La mente subconsciente es la que determina quién eres; gestiona los procesos que tienen lugar en el cuerpo.

. . .

Necesitas hackear tu mente subconsciente porque para que vivas la vida que deseas; la mente subconsciente debe estar involucrada. Usted hackea la mente para reprogramarla para estar en la frecuencia que usted desea.

En esta sección, te mostraré cómo preparar tu mente subconsciente para el hackeo, algunas cosas que debes saber sobre tu cerebro, los pasos para hackear tu mente, y cómo hackear el poder de tu mente para mejorar tu productividad y enfoque.

Cómo preparar tu subconsciente para el hackeo

A continuación, se comentan algunos pasos que puede seguir para preparar su mente subconsciente para el hackeo.

- **Aclara lo que quieres:** Muchas personas tienen el problema de no ser capaces de definir lo que quieren exactamente, y se sorprenden cuando no consiguen lo que quieren. Para hackear tu mente con éxito, necesitas tener claro lo que quieres. ¿Cuál es tu deseo? ¿Qué quieres conseguir? La claridad en la respuesta a estas preguntas es el primer paso para preparar su mente subconsciente para el hackeo.

- **Escribe lo que deseas:** Un deseo que no está escrito es, en el mejor de los casos, un deseo. Para hackear tu mente subconsciente, tienes que escribir en detalle lo que deseas. Cuando haces esto, envías una señal a tu mente subconsciente de que estás deseando realizar ese deseo. Escriba sus deseos y objetivos en palabras sencillas, en tiempo presente, que sean fáciles de entender para un niño. Lee estos deseos cada mañana al despertarte y por la noche antes de dormir.
- **Crea planes de acción para tus deseos:** Los planes de acción son los pasos que se darán para hacer realidad el objetivo que te has marcado. Anótelos y tome la determinación de hacer cada día una cosa de todas las que figuran en la lista. Cuando creas estos planes de acción, tu mente subconsciente recibe una señal de que estás a punto de cambiar el rumbo de tu vida; por lo tanto, se prepara para acompañarte.
- **Visualiza tus deseos:** También necesitas utilizar el poder de la visualización para preparar tu mente para el hackeo. Cuando ves tus deseos con los ojos de tu mente como si ya fuera una realidad, estás hackeando tu mente

> y creando nuevos códigos para que funcione de forma diferente. Earl Nightingale dijo con razón: "La visualización es el vehículo del ser humano hacia el futuro: bueno, malo o indiferente. Está estrictamente bajo nuestro control".

La visualización afecta al funcionamiento del sistema de activación reticular del cerebro. El Sistema de Activación Reticular (SRA) es un conjunto de nervios del tronco encefálico que filtra la información innecesaria para que llegue lo importante. El SRA es la razón por la que aprendes una palabra nueva y empiezas a oírla en todas partes.

Es la razón por la que puedes dejar de prestar atención a una multitud llena de gente que habla y, sin embargo, reaccionar inmediatamente cuando alguien dice tu nombre o algo que, al menos, suena como él.

- **Relájate:** Una de las formas de preparar tu mente para el hacking es dedicar tiempo a respirar, rezar o meditar todos los días. Cuando te relajas, tu cerebro accede a vías neuronales recién formadas, y esto es lo que necesitas para que la mente realice las nuevas funciones que quieres que haga.

Información sobre el cerebro

Como usted desea hackear su mente para anexar su poder para que pueda ser productivo y exitoso, hay algunas cosas que usted debe saber acerca de su cerebro.

- **Cada cerebro está conectado de forma única:**

Voy a compartir varios métodos con usted sobre cómo hackear su mente, pero depende de usted trabajar con estos métodos y ver cuál se adapta mejor a la forma en que su cerebro está conectado. La forma específica de hackear la mente es diferente de una persona a otra.

Por ejemplo, si usted es un estudiante auditivo, se beneficiará más del uso de afirmaciones que de la visualización de sus objetivos, mientras que un estudiante visual se beneficiará más de la visualización de los objetivos que del uso de afirmaciones. Por lo tanto, a medida que aprendas métodos de este libro, tienes que probarlos y quedarte con los que más te funcionen.

- **Neuroplasticidad:**

Ya he hablado exhaustivamente de ello en el capítulo anterior. Tu cerebro puede recablearse. Por lo tanto, nunca pienses que es demasiado tarde para aprender algo nuevo.

Puede ser más difícil, especialmente si has estado repitiendo los mismos patrones durante mucho tiempo, pero es posible.

No hay ninguna etapa en la que te sea imposible hackear tu mente y crear nuevas vías neuronales para tu cerebro.

- **El ejercicio ayuda al cerebro:**

Aunque su objetivo no esté relacionado con el ejercicio, también debe saber que hacer ejercicio regularmente ayuda al cerebro a crear nuevas vías. El ejercicio induce la liberación de sustancias químicas de crecimiento que influyen en la salud de las células cerebrales. También altera la forma en que el cerebro protege la memoria y las habilidades de pensamiento.

Por lo tanto, debería plantearse realizar alguna actividad física con regularidad. John Ratey Autor de "*Spark: The Revolutionary New Science of Exercise and Brain*" afirma que la actividad física desencadena cambios biológicos que animan a las células cerebrales a unirse entre sí. Para que el cerebro aprenda, deben establecerse estas conexiones, que reflejan la capacidad fundamental del cerebro para adaptarse a los retos. Cuanto más descubren los neurocientíficos sobre este proceso, más claro queda que el ejercicio proporciona un estímulo sin igual, creando un entorno en el que el cerebro está preparado, dispuesto y capacitado para aprender.

- **Todos los cerebros tienen desencadenantes emocionales:**

Aunque el cerebro es capaz de razonar, no toma todas las decisiones desde el punto de vista racional. Las emociones y los sentimientos influyen mucho en el cerebro y, a veces, pueden superponerse a los pensamientos lógicos. Por lo tanto, como deseas hackear tu mente para poder utilizar su poder de forma eficaz, debes prestar atención a descubrir los desencadenantes emocionales de tu cerebro y ver la forma de utilizarlos en tu beneficio.

Cómo hackear tu mente

. . .

A continuación, se exponen métodos y consejos que podrían ayudarle a alterar las vías neuronales de su cerebro y crear otras nuevas que le hagan más productivo.

- **Utiliza el Palacio de la Memoria:**

El cerebro humano no tiene la capacidad adecuada para recordar los artículos de una lista como lo harían los lugares. Por ejemplo, si vas de compras sin escribir tus necesidades antes de salir, puede que cuando vuelvas a casa descubras que te has olvidado de comprar un artículo fundamental, puede que el número total de artículos no sea superior a diez. Pero descubrirá que puede recordar la ubicación de más de diez lugares distintos de su ciudad.

Esto ocurre porque gran parte de la potencia mental de los humanos se dedica a la memoria espacial, que te permite aprender la disposición de tu entorno. Para hackear esta parte de tu cerebro, puedes utilizar el palacio de la memoria.

Así es como funciona: elige un lugar que conozcas bien y puedas imaginar sin mucho preámbulo. Puede ser la distribución de tu lugar de trabajo, la disposición de tu casa, entre otros. A continuación, imagínate paseando por ese lugar elegido y asocia cada elemento de tu lista a un punto del lugar.

Por ejemplo, si tu objetivo es recordar una larga lista de la compra, puedes optar por utilizar el interior de tu casa para visualizarla mentalmente.

Puedes imaginar que tienes vino en la mesa, pizza congelada en el frigorífico, antisépticos en el retrete, etcétera. Esto puede parecer estresante, pero cuando te acostumbres, descubrirás lo fácil y eficaz que es para hacerte recordar una larga lista. Este método no requiere años de práctica.

En un estudio realizado en 1968, se pidió a unos estudiantes universitarios que se aprendieran una lista de 40 cosas relacionando cada uno de los elementos con un lugar del campus. Los estudiantes fueron capaces de memorizar una media de 38 de las 40 cosas y, al día siguiente, eran capaces de recordar 34 elementos de la lista original; ¿No es increíble?

. . .

En otro estudio, se pidió a unos ciudadanos alemanes mayores que memorizaran una lista de 40 palabras relacionando cada una de ellas con algunos lugares emblemáticos de Berlín. Antes de utilizar este método, sólo podían recordar una media de 3 palabras; sin embargo, después de utilizar este método, podían recordar una media de 23 palabras de las 40. Este método es súper útil, tienes que probarlo.

- **Escribe:**

En la era de los smartphones, un buen número de personas no quiere volver a escribir nada a mano.

Algunas aplicaciones pueden escribir por ti, lo único que tienes que hacer es decir lo que quieres escribir.

Sin embargo, si quieres hackear tu mente, tienes que practicar la escritura a mano. Cuando escribes algo a mano, realizas algunas actividades neuronales que no consigues pulsando un teclado.

En la Universidad de Indiana se realizó un experimento en el que se dividió en dos grupos a niños de preescolar que estaban aprendiendo el alfabeto. Al primer grupo se le mostraban las letras del alfabeto y se le explicaba lo que eran, mientras que al segundo grupo se le pedía que escribiera las letras tal y como se les enseñaba. Cuando se introdujo a los niños en una máquina de resonancia magnética (nave espacial), se descubrió que el cerebro de los niños del segundo grupo se iluminaba. La actividad de sus neuronas era más intensa y parecida a la de los adultos. Así que, si estás aprendiendo un nuevo idioma, intenta escribir en vez de teclear.

- **Utilice la mano menos dominante para controlar la ira:**

Todo el mundo conoce el peligro de la ira; cuando las personas están enfadadas, es casi como si no tuvieran el control de sí mismas, no pueden pensar con claridad y hacen cosas de las que luego se arrepentirían.

Pero puedes hackear tu mente para evitar perder el control sobre ti mismo cuando estás enfadado.

Un estudio realizado en la Universidad de Nueva Gales del Sur reveló que las personas que tenían problemas de ira podían controlar mejor sus rabietas después de que se les exigiera utilizar la mano no dominante para cualquier cosa que no pusiera en peligro a nadie, como abrir y cerrar puertas, escribir correos de odio, entre otras, durante dos semanas.

Cuando se estudia a las personas enfadadas mediante escáneres cerebrales, se descubre que los arrebatos tienen menos que ver con una ira excesiva que con un menor autocontrol.

En otras palabras, la razón principal por la que experimentan tales arrebatos cuando están enfadados es que han agotado el autocontrol. Obligarles a utilizar la mano no dominante para realizar sus tareas cotidianas les obligó a enfrentarse a varias frustraciones poco manejables. Esta mayor capacidad también les permitió controlarse mejor cuando se enfadaban. Si tienes problemas de ira, ¡pruébalo!

- **Refuerza tu sistema inmunitario mirando fotos:**

En general, todo el mundo piensa que caer enfermo es algo sobre lo que no tenemos control. Creen que el único control que tenemos es prestar atención a los consejos de salud que nos dan los médicos.

. . .

Aunque no está mal obedecer los consejos de salud, hay una forma de hackear el cerebro para mejorar la salud. A estas alturas, ya sabrás que el cerebro controla el sistema inmunitario del organismo y que ciertas imágenes pueden desencadenar respuestas físicas en el cuerpo.

Por ejemplo, algunas fotos te hacen desear comida, mientras que otras te hacen desear sexo. Ahora te mostraré cómo las fotos pueden ayudarte a reforzar tu sistema inmunitario.

En un estudio realizado por algunos científicos de la Universidad de Columbia Británica, se pidió a los sujetos que miraran imágenes de personas enfermas durante 10 minutos y se midió la respuesta de su sistema inmunitario.

Se descubrió que, después de que los sujetos miraran las imágenes, sus glóbulos blancos entraban en sobremarcha y producían interleucina-6 (IL-6), que es la proteína que el cuerpo utiliza para combatir infecciones y quemaduras. Se podría pensar que se trata de una respuesta general al estrés, pero no es del todo cierto.

. . .

Cuando estos sujetos fueron expuestos a imágenes de personas apuntándoles con un arma, se produjo un aumento del 6 por ciento en la producción de IL-6, pero cuando fueron expuestos a imágenes de personas enfermas, la producción aumentó hasta cerca del 23 por ciento. Así que puedes hackear tu cerebro para mejorar tu salud.

- **Reduzca el estrés riéndose:**

La risa es increíblemente poderosa. Cuando te ríes, se reducen la tensión arterial y las hormonas del estrés.

Aumenta la oxigenación de las células y los órganos, el flujo sanguíneo y el nivel de endorfinas, la sustancia química del placer.

Cuando te encuentres en una situación estresante, puedes hackear tu mente riéndote. Tu cuerpo no puede diferenciar entre las acciones auténticas y las que no lo son, enviará señales al cerebro para que libere más endorfinas y te ayudará a aliviar el estrés.

4

Aprovechar el poder de la neuroplasticidad del cerebro

La neuroplasticidad también se conoce como plasticidad cerebral. Es la capacidad del cerebro para experimentar cambios o alteraciones a lo largo de la vida de un individuo.

Dicho de otro modo, la neuroplasticidad es el proceso a través del cual el cerebro experimenta alteraciones en las sinapsis y las vías neuronales como resultado de cambios ambientales y de comportamiento. Neuroplasticidad significa simplemente que las actividades del cerebro asociadas con una función determinada del cerebro pueden trasladarse a una ubicación diferente en el cerebro, y esto puede resultar en la fortaleza o debilidad de un individuo.

. . .

La neuroplasticidad puede observarse a distintos niveles. Se refleja tanto en pequeños cambios en las neuronas de los individuos como en cambios significativos, como la reasignación cortical en reacción a una lesión.

Para entender la neuroplasticidad, se puede pensar en el cerebro como una película colocada dentro de una cámara. Si se fotografía un árbol, por ejemplo, se expone la película a una información nueva, y la película responde ajustándose para guardar la información del árbol fotografiado. Si vuelves a fotografiar un animal, la composición de la película se reajusta para guardar la información del animal. Del mismo modo, la composición del cerebro cambia cuando entra en contacto con información nueva, con el fin de que pueda conservar esa información.

El proceso de neuroplasticidad no siempre es sencillo y rápido. Puede implicar muchos procesos y tener lugar a lo largo de toda la vida. Además de cambiar las sinapsis y las vías neuronales, la neuroplasticidad puede incluir alteraciones de las neuronas, las células gliales (células de apoyo del sistema nervioso, ya que rodean a las neuronas, suministran nutrientes y oxígeno, etc.) y las células vasculares (para transportar fluidos y nutrientes internamente). También puede coincidir con la poda sináptica. La poda sináptica es el proceso por el cual el cerebro elimina las conexiones neuronales que ya no son necesarias y solidifica las importantes. Las experiencias y la frecuencia de las conexiones neuronales determinan qué conexiones eliminará el cerebro. En resumen, la neuroplasticidad es un proceso mediante el cual el cerebro se pone a punto para ser más eficaz.

La neuroplasticidad sigue produciéndose a medida que uno envejece y expone el cerebro a nuevos datos aprendiéndolos y memorizándolos. También puede ser incitada por traumas físicos. Cuando los traumas físicos estimulan la neuroplasticidad, ésta funciona como un mecanismo adaptativo que permite a un individuo compensar la pérdida de una función tras experimentar una lesión en el cuerpo. Por ejemplo, si un individuo sufre un accidente que afecta al cerebro, la neuroplasticidad permite al cerebro "reinventarse" o "recablearse" para restablecer y maximizar el funcionamiento del cerebro reconstruyendo los circuitos neuronales y enviando señales a todas las partes del cerebro para que se hagan cargo de las partes lesionadas.

Esta asombrosa historia de una chica llamada Cameron Mott demuestra el enorme potencial de la neuroplasticidad en la capacidad de reinvención de nuestro cuerpo.

. . .

Alrededor de los tres años, Cameron empezó a tener convulsiones violentas. Empezó a sufrir mucho por ello y finalmente empezó a perder la capacidad de hablar. Le diagnosticaron una enfermedad llamada encefalitis de Rasmussen, una rara enfermedad neurológica inflamatoria.

Irónicamente, el único tratamiento era la hemisferectomía, que le extirpó la mitad del cerebro.

No era una operación sencilla, ya que las secuelas de esta cirugía iban a ser más traumáticas para el pequeño Cameron, ya que una mitad de su cerebro controla y es responsable del movimiento y la sensibilidad de la otra mitad de su cuerpo, es decir, el hemisferio izquierdo controla el lado derecho de la función de todo su cuerpo y, de forma similar, el cerebro derecho controla el lado izquierdo. Por lo tanto, la cirugía significaría que Cameron viviría toda la vida sufriendo la parálisis de un lado del cuerpo debido a la extirpación de la mitad del cerebro.

De todos modos, la operación se llevó a cabo y, para sorpresa de todos, a las cuatro semanas del postoperatorio ya había salido del hospital. Y no sólo eso: a los pocos meses de rehabilitación, se incorporó a su escuela con una salud normal y realizando todas las actividades con normalidad, como cualquier otro ser humano, lo que no fue menos que un milagro para los médicos. Se acabaron los ataques y, a pesar de que le habían extirpado medio cerebro, podía llevar una vida normal sin ningún tipo de parálisis.

Esto fue posible porque la mitad restante del cerebro de Cameron percibió la pérdida masiva de tejido neural y se reorganizó físicamente para hacerse cargo de todo lo que la otra mitad había manejado anteriormente.

La neuroplasticidad es más evidente en los niños que en los adultos. Esto no significa que no se produzca en absoluto en los adultos, sino que es así.

El potencial para que la neuroplasticidad tenga lugar en los adultos es generalmente mayor que en los niños; sin embargo, con esfuerzos continuados y una rutina saludable, los adultos pueden inducir y fomentar alteraciones positivas y el desarrollo en sus cerebros como los niños.

Existen dos tipos principales de neuroplasticidad:

La neuroplasticidad estructural describe los cambios en el cerebro que sólo se producen en la fuerza de las redes entre neuronas, y Neuroplasticidad funcional, que según describe los cambios constantes inducidos en las sinapsis como resultado del aprendizaje y el desarrollo.

Según Christopher Bergland, "se podría especular que este proceso abre la posibilidad de reinventarse y alejarse del statu quo o de superar acontecimientos traumáticos pasados que evocan ansiedad y estrés. Los recuerdos arraigados basados en el miedo a menudo conducen a comportamientos de evitación que pueden impedirte vivir tu vida al máximo." Para apoyar esta cita, compartiré ejemplos de personas que han utilizado la neuroplasticidad para superar acontecimientos traumáticos del pasado y alejarse del statu quo.

El Dr. David J. Hellerstein, psiquiatra investigador del Instituto Psiquiátrico del Estado de Nueva York y catedrático de Psiquiatría Clínica, cuenta la historia de una paciente a la que llama Hannah.

Hannah era una mujer soltera de 27 años que había sufrido varias pérdidas y traumas en sus primeros años de vida. Cuando se presentó para recibir tratamiento, había sufrido más de 15 años de depresión crítica y trastorno por miedo. También padecía algunas enfermedades inducidas por el estrés, como asma grave y colitis. El Dr. David observó que su depresión y ansiedad respondían a la psicoterapia. Sin embargo, señaló que la parte más emocionante de la curación fue cuando Hannah se apasionó por el yoga (que es una de las actividades que inducen neuroplasticidad).

Tras unos meses practicando yoga una media de 2 a 3 horas diarias, Hannah pudo mantener una sensación de calma y bienestar por primera vez en mucho tiempo. Además, las enfermedades inducidas por el estrés se volvieron menos graves. Este es un ejemplo de cómo la neuroplasticidad puede aportar curación.

Debbie Hampton había intentado durante años ser una esposa y madre perfecta, pero no pudo mantener su matrimonio; se divorció con dos hijos. Debido a la ruptura y al pesimismo que nublaba su futuro, decidió suicidarse tomando una sobredosis de unas 90 pastillas. Después de escribir una nota en su ordenador que decía "He jodido tanto esta vida que aquí no hay sitio para mí ni nada que pueda aportar", se tomó las pastillas y se acostó. Antes de morir, alguien la descubrió y la llevó de urgencia al hospital.

. . .

Tras despertar de un coma de una semana, le diagnosticaron encefalopatía (término general que significa que el cerebro no funciona bien).

Debido a esto, no podía controlar su vejiga, y sus manos temblaban continuamente. No entendía lo que veía. Tras permanecer un tiempo en el centro de rehabilitación, empezó a recuperarse lentamente. Oyó hablar de un nuevo tratamiento llamado neurofeedback, que consistía en monitorizar su cerebro mientras jugaba a un sencillo juego en el que controlaba los movimientos de unos personajes, manipulando así sus ondas cerebrales. Descubrió que en diez sesiones había mejorado el habla.

Sin embargo, su cambio se produjo cuando su consejero le presentó un libro titulado "El cerebro que se cambia a sí mismo". Descubrió en el libro que su cerebro podía curarse mediante la neuroplasticidad. Empezó a practicar meditación, yoga, imaginería y a mantener una actitud mental positiva. Se recuperó totalmente y cofundó un estudio de yoga.

Ahora que le he mostrado qué es la neuroplasticidad y los beneficios que pueden derivarse de su uso deliberado, quiero mostrarle actividades que pueden potenciar la neuroplasticidad y cómo puede beneficiarse al máximo de ella.

Actividades que pueden potenciar la neuroplasticidad

Entre las actividades que potencian la neuroplasticidad se incluyen:

-Ayuno intermitente
-Utilizar dispositivos mnemotécnicos
-Viajar
-Ejercicios para la mano no dominante
-Aprender un instrumento musical
-Bailando
-Producir obras de arte
-Ampliar el vocabulario
-Lectura de ficción
-Sleeping

Consejos para aprovechar al máximo la neuroplasticidad

-Empiece poco a poco: la fuerza de voluntad utiliza serotonina, y es necesaria para cambiar el comportamiento.

. . .

Al igual que los músculos, la fuerza de voluntad puede cansarse y agotarse. Por lo tanto, para cambiar su comportamiento de forma eficaz, empiece haciendo pequeños cambios de uno en uno que no requieran un exceso de fuerza de voluntad. Si realiza todos los cambios a la vez, no podrá mantener el nuevo comportamiento.

Por ejemplo, en lugar de alterar drásticamente su dieta de golpe, reduzca una parte de la dieta.

Una vez que haya establecido este cambio y se haya convertido en parte de usted, proceda a realizar el siguiente cambio.

-Aumente su nivel de Serotonina: A medida que el nivel de serotonina aumenta, la fuerza de voluntad también aumenta, y la fuerza de voluntad es necesaria para cambiar el comportamiento. Por lo tanto, es apropiado tratar de aumentar su nivel de serotonina como usted trata de alterar su comportamiento. Algunas de las formas de aumentar su nivel de serotonina de forma natural incluyen darse un masaje, exponerse a la luz del sol más temprano por la mañana, hacer ejercicio, recordar recuerdos felices, entre otros.

. . .

-Elija sus pensamientos: empiece a pensar deliberadamente en las mejoras que experimentará en su vida cuando estos comportamientos se modifiquen por completo. Utiliza afirmaciones, palabras positivas y visualizaciones para recordarte y motivarte.

-Celebra tus pequeñas victorias: Si mantiene su atención en el objetivo general, es posible que nunca alcance ese objetivo porque sentirá constantemente que está lejos de lograrlo y estará menos motivado. Divida sus objetivos en planes de acción más pequeños y celebre sus victorias a medida que vaya logrando cada uno de los planes de acción. Por ejemplo, si quieres cambiar tu dieta, tus planes de acción podrían incluir: dejar de tomar helados, chocolates y donuts. Si empiezas por los helados, celebra tu victoria cuando dejes de tomarlos. Prémiese con algo importante para usted; esto le hará estar más motivado para conseguir otros planes de acción que culminarán en el cambio de comportamiento que desea.

-Elige a tus amigos: la investigación ha demostrado que los comportamientos y sentimientos son contagiosos en las relaciones. Es decir, es probable que adoptes el comportamiento de las personas con las que te relacionas constantemente.

. . .

Esto también está en consonancia con el proverbio "enséñame tus amigos y te diré quién eres". Tienes que elegir a tus amigos con cuidado. Hazte amigo de personas cuyos comportamientos sean coherentes con el nuevo comportamiento que quieres formar.

Ejercicios de programación neurolingüística

La Programación Neurolingüística incorpora ejercicios que se basan en alterar la conexión entre los procesos neurológicos y los patrones de comportamiento.

Parte de la premisa de que el comportamiento se aprende a través de la estimulación ambiental, y puede desaprenderse, y reprogramarse (si se quiere), cuando una persona está experimentando resultados menos que deseables en su vida.

Estos procesos son muy eficaces para impresionar directamente a la mente subconsciente con el fin de eliminar recuerdos de experiencias traumáticas y fobias que una persona pueda haber desarrollado, así como para alterar la percepción y las creencias con el fin de manifestar resultados más deseables. En otras palabras, si puede identificar una creencia o impresión que le impide crear lo que desea, los procesos de la PNL son excelentes para eliminarlas eficazmente. Los ejercicios, que se centran en la visualización y las submodalidades (cualidades de nuestros pensamientos y sentimientos), son fáciles de hacer y suelen asombrar a la gente con los resultados si se aplica dedicación a ellos.

Ejercicio - Cambiar la historia que te cuenta tu mente

Muchas personas se han encontrado en una situación en la que querían hacer algo, pero el cuentacuentos de su cabeza tenía otras ideas. Este cuentacuentos puede decir: "No eres lo bastante bueno", "No les gustarás" o alguna otra joyita destructiva.

Si te ha pasado esto, este sencillo y divertido ejercicio te mostrará cómo cambiar tu percepción de cualquier guión negativo que te esté sirviendo tu cuentacuentos.

Primer paso

Piensa en una ocasión en la que tu mente te haya presentado una lista de razones que te impiden hacer algo que realmente quieres hacer. Esta lista consiste en lo que se considerarían inseguridades; son las razones de tu narrador "por las que" intentar hacer lo que realmente quieres hacer sería inútil

Paso 2

Fíjate de dónde viene la voz de este narrador crítico. ¿Cómo suena? ¿Es tu voz o es la de otra persona? Una vez que tengas una idea clara de cómo suena la voz, vamos a cambiarla. Tómate el tiempo que necesites para ser preciso al respecto.

Paso 3

Imagina que esa misma voz crítica se aleja mucho en la distancia, de modo que apenas la oyes.

Ahora, imagina que también suena como el Pato Donald. Añade una bocanada de helio a lo que dice para divertirte aún más. Coloca una pista musical de un programa divertido encima de la crítica de esta voz. Imagínatela saliendo de una emisora de radio llena de estática, haciendo que apenas se oiga. O, piensa en cualquier otra forma que pueda distorsionar este guión de forma divertida.

Paso 4

Evalúa cómo te sientes ante la desaprobación de esta voz de lo que quieres para ti. ¿Puedes escuchar esa voz ahora sin reírte? ¿Ya no te tomas la voz tan en serio? ¿Tiene el mismo impacto en ti que antes?

Si esa voz molesta sigue influyendo en ti, repite el proceso unas cuantas veces más. Piensa en formas divertidas o poco serias de alterar lo que tiene que decir. Hazlo lo más ridículo posible para alterar el significado de lo que se está diciendo.

Cada vez que tu narrador te presente un guión persistente, puedes someterlo a este proceso. Al hacerlo, tu subconsciente borrará el registro del mismo en tu mente. En otras palabras, le resultará difícil recordar su gravedad en el futuro, y uno a uno podrá eliminar cualquier parloteo negativo que le impida tener y hacer lo que desea.

. . .

Al dejar de correr este tipo de historias en la mente, creas espacio para nuevas creencias más positivas que abren tu vida a nuevas manifestaciones más positivas.

Ejercicio - Círculo de confianza

¿Qué podrías hacer con tu vida si pudieras acceder a estados de confianza, seguridad, certeza, control o cualquier otro estado de empoderamiento positivo que desees literalmente a voluntad? Con este tipo de estados, una persona se abre a nuevas posibilidades en cuanto a la libertad que tiene con la gente, las experiencias y los logros personales. Piensa en las áreas en las que tu vida podría ser diferente de maneras maravillosamente emocionantes con sólo poseer una confianza suprema.

Muchas personas tienen lugares en su vida (por lo general, lugares muy concretos) en los que no se han sentido en su mejor momento. Las experiencias pasadas desencadenan viejas heridas que pueden hacer que una persona carezca de la confianza, la certeza, la seguridad u otros poderosos estados de recursos que marcarían toda la diferencia del mundo para ella. Imagina lo que podrías conseguir si tuvieras más confianza exactamente cuando la necesitas.

. . .

Este ejercicio te enseñará a anclarte literalmente al "estado" que elijas cuando y donde quieras.

Se trata de un proceso asombrosamente eficaz mediante el cual es posible fijar estados potenciadores como la confianza, el poder, la seguridad, el control, la certeza o la felicidad a momentos, lugares y/o acontecimientos específicos en los que sabes que te gustaría experimentarlos a voluntad. Por favor, permítete estar en un espacio tranquilo y sin interrupciones durante unos 10 minutos para completar este ejercicio.

Primer paso

Colócate en una postura relajada, cierra los ojos y respira profundamente durante unos instantes. Deja que tu mente se remonte al recuerdo de un momento en el que te sentiste muy seguro de ti mismo. Vuelve a ese momento y vívelo plenamente. Observa lo que veías, escucha lo que oías, recuerda lo que te decías a ti mismo en esa situación concreta y, lo que es más importante, siente cómo esos poderosos sentimientos de confianza recorren tu cuerpo.

. . .

Si te encuentras ante el reto de devolver a tu cuerpo lo que consideras estados de confianza suficientemente poderosos, a veces puede resultar más fácil pensar en cómo es cuando te sientes totalmente seguro de ti mismo. Por ejemplo: ¿En qué eres bueno? ¿En qué aspectos de tu vida te sientes totalmente seguro de ti mismo? ¿Cómo es cuando sientes confianza? ¿En qué parte de tu cuerpo sientes que estás totalmente seguro de ti mismo?

¿Qué sientes cuando la sientes? Por último, ¿cómo sabes que sientes confianza cuando la sientes?

Si sigue teniendo problemas para acceder a este estado de sentimientos, pregúntese qué debe sentir la persona más segura de sí misma que conoce. Elige a una persona que creas que tiene la máxima confianza en todos los niveles y ponte en su lugar durante unos instantes. Siente lo que se siente al ser tan seguro de sí mismo y tan desenvuelto como esa persona.

Paso 2

A medida que experimenta la construcción de la confianza en su interior, imagine un círculo de color en el suelo justo delante de usted. ¿De qué color te gustaría que fuera tu círculo? ¿Tendría también un sonido, como un suave zumbido o una vibración que indicara lo poderoso que es?

Paso 3

Cuando el sentimiento de confianza esté en su punto álgido dentro de ti, da un paso adelante hacia tu Círculo de Confianza y siente cómo el poder de esta confianza envuelve tu cuerpo.

Imagina que te está llenando, penetrando en cada célula, poro, tejido, fibra muscular y órgano de tu cuerpo. Respira profundamente e inhala el poder y la confianza por la nariz.

Quédate en este lugar hasta que te sientas totalmente integrado con tu estado final de confianza.

Paso 4

Una vez que hayas logrado este último estado de confianza, da un paso atrás fuera de tu Círculo y deja que esos sentimientos de Confianza permanezcan dentro del círculo. Suena inusual, pero puedes hacerlo.

Paso 5

Ahora piensa en un momento específico en tu futuro cuando elijas experimentar estos mismos sentimientos de extrema confianza. Mira y escucha lo que habrá justo antes de que elijas sentir estos sentimientos de confianza. La señal podría ser cualquier cosa, desde una reunión de negocios, una entrevista de trabajo, escucharte a ti mismo siendo presentado antes de un discurso, tu jefe entrando en la habitación, una reunión social o cualquier experiencia que elijas.

Paso 6

En cuanto las señales visuales y auditivas de este acontecimiento estén claras en tu mente, vuelve al círculo y siente cómo esos grandes sentimientos de confianza vuelven a aflorar en tu interior. Imagina que esa situación se desarrolla a tu alrededor en el futuro con esos sentimientos de confianza plenamente disponibles para ti. Tómate todo el tiempo que necesites para experimentar plenamente la sensación de total confianza y control que tienes sobre ti mismo y tu entorno en la situación deseada.

Paso 7

Vuelve a salir del círculo, dejando esos sentimientos de confianza en el círculo. Fuera del círculo, tómate un momento para pensar de nuevo en ese acontecimiento próximo. ¿Eres capaz de recordar automáticamente esos sentimientos de confianza? Si es así, ya te has preprogramado para tener enormes sentimientos de confianza en ese acontecimiento futuro. Te sientes mejor al respecto, y ni siquiera ha sucedido todavía. Cuando llegue, te encontrarás respondiendo con mucha más confianza ahora.

Si no estás completamente satisfecho con los sentimientos de confianza que experimentas ahora, simplemente repite el proceso varias veces más.

Después de varios intentos, deberías sentirte abundantemente confiado al pensar en este próximo acontecimiento.

. . .

El truco para que este ejercicio funcione realmente bien depende de la paciencia que estés dispuesto a ejercitar para descubrir cómo sabes cuándo sentirte temeroso, ansioso o inseguro cuando te expones a los desencadenantes que te lo provocan. Tómate tu tiempo para darte cuenta de qué es lo que ves, oyes o sientes que te indica que ha llegado el momento de sentirte inseguro. Este es el proceso de identificar cuáles son tus desencadenantes ambientales específicos.

Preguntas a tener en cuenta para encontrar los desencadenantes que tienes:

1. ¿Dónde experimenta concretamente falta de confianza? ¿Está en su casa, en el coche, en una tienda, cerca de una persona concreta, en el trabajo, en una charla, etc.?

2. ¿Cuándo experimentas concretamente este problema? ¿Qué te hace saber que es el momento de sentir incertidumbre? ¿Sucede a primera hora de la mañana? ¿Justo antes de salir de casa? ¿O lo experimentas en una reunión social?

3. Y lo que es más importante, ¿qué haces específicamente justo antes de tener las sensaciones que no quieres?

. . .

¿Qué notas en tu entorno? ¿Qué puedes estar mirando, oyendo o sintiendo justo antes de tener las sensaciones que no quieres?

Dedica tiempo a descubrir qué tiene que haber en la "película" de esos momentos y lugares en los que es más probable que generes los sentimientos que no deseas. Si tu ansiedad es más del tipo anticipatorio, empezarás a darte cuenta de lo que haces dentro de tu cabeza, posiblemente de forma totalmente subconsciente, para crear los sentimientos que no quieres. Piensa que no siempre te sientes inseguro o poco confiado. De alguna manera, tu mente sabe cuándo hacerlo. Lo más probable es que esto se deba a algo que estás notando en tu entorno, o a un desencadenante externo que te dice que éste es el momento de hacer esta incertidumbre.

Tu trabajo consiste en identificar qué es lo que estás viendo, oyendo o sintiendo justo antes de tener los sentimientos que no deseas. Utilízalo como imagen desencadenante para tu Círculo de Confianza. Una vez que tengas la imagen desencadenante, entra en tu círculo para alterar el estado emocional asociado.

Ejercicio - Desintegrador de creencias negativas

. . .

El propósito de este ejercicio es permitirte tomar una creencia negativa que tienes sobre ti mismo, una que sabes que te limita, y destruirla. Al hacerlo, añadirás más flexibilidad y opciones en tu vida para crear lo que deseas.

Es importante que entiendas los pasos para que puedas realizar este proceso sin ninguna duda sobre lo que estás haciendo y por qué.

Un cambio de creencia no necesita ninguna duda asociada. Por lo tanto, además de leer el ejercicio varias veces, es una buena idea intentarlo unas cuantas veces con una creencia menor antes de intentarlo con creencias más significativas que sabes que no son ventajosas para ti.

Primer paso

Piense en algo en lo que no cree. No tiene por qué ser algo importante. De hecho, algo trivial como la creencia de que el cielo es verde o alguna otra creencia menor sin sentido es lo mejor. Piensa en esta no creencia y observa que cuando piensas en ella visualizas algo relacionado con ella. Puede ser una imagen de un cielo verde o algo completamente distinto.

¿En qué lugar de tu mente o de tu espacio se sitúa esa imagen? ¿A la derecha? ¿A la izquierda? ¿A qué distancia está? ¿Dices algo en tu cabeza o escuchas algún sonido en tu mente que te indique que no es una creencia que tengas? Si es así, anótalo. Esta es tu posición de "no creer".

Tómese un momento para pensar en algo completamente distinto, como el tiempo o su último extracto bancario.

Paso 2

Ahora, piensa en algo que no estés seguro de si es cierto o no. De hecho, escoge algo que no te importe en absoluto.

Por ejemplo, no sé si el oro es más denso que la plata y, desde luego, no tiene un efecto especialmente importante en mi vida. Imagina esta idea y, como antes, observa que cuando piensas en ella visualizas algo relacionado con ella.

. . .

¿En qué parte de tu mente o de tu espacio se sitúa esa imagen? ¿A la derecha? ¿A la izquierda? ¿A qué distancia está? Esta es tu posición de "no me importa".

Paso 3

Ahora que tienes dos posiciones, piensa en una creencia que tengas y que desees destruir, y fíjate dónde está esa imagen en tu mente. Toma esa imagen y muévela a la posición "no me importa".

Una vez que lo hayas hecho, muévela a la posición de "no creer". Si había algún sonido interno relacionado con la creencia que estás destruyendo, repítelo en tu cabeza cuando coloques la imagen en la posición de "no creer".

Hay un par de cosas que pueden dificultar esto y son las siguientes:

1) La imagen no se mueve de izquierda a derecha o viceversa. Esto parece ser un problema general.

. . .

La forma de evitarlo es mover la imagen hacia el centro, muy lejos en la distancia y luego tirar de ella hacia adelante en la segunda posición desde ese punto. Hazlo lo más rápido posible.

2) La imagen vuelve a su posición original. Hay varias maneras de resolver esto.

- Cuando muevas la imagen, haz un sonido en tu cabeza para mover la imagen a la nueva posición.
- Imagine un adhesivo en la parte posterior de la imagen y péguelo en su lugar
- Clávelo en su sitio
- Imagina una serie de cerraduras que lo mantienen en su lugar
- Piensa en cualquier forma de mantener la imagen en el mundo real e imagínatela.

Una vez que tengas la imagen en el lugar correcto, asegúrate de que tiene el mismo tamaño que el original.

Póngalo a prueba: Piensa en algo completamente distinto y luego piensa en la nueva creencia.

¿Cómo te sientes ahora al respecto?

. . .

¿Tiene la posición y el tamaño correctos?

¿Has escuchado el diálogo interno que te dice que no te lo crees?

Si no es así, repasa los pasos de nuevo.

Con este proceso, que puede requerir práctica, la mente subconsciente entiende las señales dadas. Piense en el escritorio de su ordenador. Si tuviera varios archivos en él, estarían destinados a cosas diferentes. Del mismo modo que su ordenador tiene varias áreas para almacenar distintos tipos de información, su mente coloca los elementos según su importancia.

Por ejemplo, la papelera de reciclaje del escritorio puede estar en la esquina superior izquierda, mientras que la información financiera importante puede estar en la esquina superior derecha. Al colocar los archivos en la posición correcta, puedes acceder a ellos según su significado. En otras palabras, tu mente puede almacenar creencias en una posición, no creencias en otra e información irrelevante en un lugar completamente distinto. Una vez que domines este proceso localizando la posición, podrás eliminar cualquier creencia que creas que te está frenando colocándola en el lugar correcto.

Ejercicio - Creador de creencias positivas

El propósito de este ejercicio es permitirte crear una nueva creencia que te dé más opciones y flexibilidad en tu vida.

Por ejemplo, creer que sólo experimentas cosas buenas en tu vida es una creencia útil para crear. Este proceso es muy similar al anterior, con la excepción de que ahora instalará una creencia de su elección.

Al igual que en el ejercicio anterior, es importante comprender los pasos para que puedas realizarlo sin ninguna duda sobre lo que estás haciendo y por qué. Una nueva creencia no necesita ninguna duda asociada.

Por lo tanto, además de leer el ejercicio varias veces, es una buena idea probar el ejercicio unas cuantas veces con una creencia menor antes de intentarlo con algo que cambie tu vida.

Primer paso

Piense en algo en lo que crea sinceramente. No hace falta que sea algo importante. De hecho, algo simple como la creencia de que puedes respirar, o alguna otra creencia innegable es lo mejor. Imagina esa creencia y observa que cuando piensas en ella visualizas algo relacionado con ella.

¿En qué lugar de tu mente o espacio se sitúa esa imagen? ¿A la derecha? ¿A la izquierda? ¿A qué distancia está? ¿Dices algo en tu cabeza o escuchas algún sonido que te indique que se trata de una creencia? Si es así, anótalo. Esta es tu posición de "creencia".

Tómese un momento para pensar en algo completamente distinto, como el tiempo o su último extracto bancario.

También puedes dejar la mente en blanco.

. . .

Paso 2

Imagina algo que no estás seguro de si es verdad o mentira. De hecho, elige algo que realmente no te importe.

Por ejemplo, no sé si el pie grande existe realmente o no, pero desde luego no tiene un efecto especialmente importante en mi vida. Como antes, fíjate en que cuando piensas en esto visualizas algo relacionado con esa idea. ¿En qué parte de tu mente o de tu espacio se sitúa esa imagen? ¿A la derecha? ¿A la izquierda? ¿A qué distancia está? Esta es tu posición de "no me importa".

Paso 3

Ahora que ya tienes las dos posiciones de las imágenes, piensa en la creencia que deseas crear y fíjate en dónde está esa imagen. En primer lugar, tendrás que mover la imagen a la misma posición que la creencia "no me importa". En segundo lugar, mueva la imagen de la nueva creencia a la posición de "creencia". Si había algún sonido interno relacionado con la creencia, repítelo en tu cabeza cuando coloques la imagen en la posición de "creencia".

. . .

Como en el ejercicio anterior, si te resulta difícil mover la imagen a la posición que deseas, utiliza las siguientes técnicas como ayuda:

1) La imagen no se moverá de izquierda a derecha o viceversa.

Mueve la imagen hacia el centro, muy lejos, de modo que casi desaparezca y, a continuación, tira de ella hacia ti y colócala en la segunda posición. Hazlo lo más rápido posible.

2) La imagen vuelve a su posición original.

-Cuando muevas la imagen, haz un sonido en tu cabeza para mover la imagen a la nueva posición.

-Imagina un adhesivo en el reverso de la imagen y pégalo en su sitio

-Clávalo en su sitio

-Imagina una serie de cerraduras que lo mantienen en su sitio.

-Piensa en cualquier forma en que podrías mantener la imagen en su lugar en el mundo real e imagínala

-Una vez que tengas la imagen en el lugar correcto, asegúrate de que tiene el mismo tamaño que el original.

. . .

Ponlo a prueba: Piensa en algo completamente distinto. Vuelve a dejar la mente en blanco y luego piensa en la nueva creencia.

¿Cómo te sientes ahora al respecto?

¿Tiene la posición y el tamaño correctos?
¿Oíste el diálogo interno que te dice que es verdad?

Si no es así, vuelva atrás y repita los pasos de nuevo.

Ejercicio - Cómo creas tu futuro

Este es un ejercicio divertido que te mostrará las formas exactas en que creas para ti mismo. Incorpora visualización con actuación para darte una idea de la manera en que tu mente tiene la capacidad de crear lo que practicas mentalmente. Al completar este ejercicio, refuerzas la comprensión de tu mente sobre tu capacidad de crear lo que deseas e imaginas para ti mismo.

Primer paso

. . .

Ponte de pie, mirando al frente, con los pies separados a la altura de los hombros y las rodillas ligeramente flexionadas para mayor comodidad. Levanta el brazo derecho por delante hasta la altura del hombro y apunta con el índice hacia delante.

Paso 2

Manteniendo los pies en el suelo, gira el cuerpo y el brazo derecho en el sentido de las agujas del reloj y sigue girando el cuerpo hasta donde te resulte cómodo, observando hasta dónde puedes llegar hasta que ya no puedas girar más. No te esfuerces, sólo ve tan lejos como puedas y observa dónde acabas. Haz una foto mental de lo que estás señalando. Cuando lo hayas hecho, da otra vuelta y vuelve a tu posición original.

Respira hondo y cierra los ojos.

Paso 3

. . .

Esta vez, sólo en tu imaginación, levanta mentalmente el brazo derecho y el índice de la misma forma que lo hiciste antes. Imagina que vuelves a girar tu cuerpo en el sentido de las agujas del reloj hasta donde puedas llegar. Pero esta vez, vea, oiga y sienta que llega aún más lejos. De hecho, ¡imagínate que llegas un 25% más lejos que antes!

Observe cómo en su imaginación le resulta fácil y sin esfuerzo girar su cuerpo cómodamente en el sentido de las agujas del reloj un 25% más de lo que lo hacía antes. Siente como si fuera lo más natural del mundo poder girar el cuerpo y las caderas con tanta facilidad. Cuando lo hayas hecho, haz una foto mental de dónde acabas esta vez.

Paso 4

Ahora, imagínate que vuelves a girar, hasta que tu cuerpo y tu brazo vuelvan a apuntar hacia delante. Baja mentalmente el brazo hasta que vuelva a estar a tu lado.

Respira hondo. Abre los ojos y vuelve a cerrarlos.

. . .

Paso 5

Una vez más, sólo con la imaginación, levante mentalmente el brazo derecho y apunte con el índice hacia la derecha.

Sólo con la imaginación, gira el cuerpo en el sentido de las agujas del reloj. Vea, oiga y sienta la experiencia de rotar su cuerpo fácilmente, sin esfuerzo y cómodamente hasta que haya viajado un 25% más lejos de lo que lo hizo hace un momento. Observa en tu imaginación que, si quisieras, ¡podrías ir aún más lejos, fácil y cómodamente!

Paso 6

Fíjate en dónde terminas en el ojo de tu mente; en otras palabras, ¿qué estás señalando?

Cuando tengas una imagen mental clara de lo que se siente al estar en esta posición, vuelve a girar hasta que el cuerpo y el antebrazo apunten hacia delante. Cuando lo hayas hecho, baja mentalmente el brazo hasta que vuelva a estar a tu lado.

. . .

Respira hondo, abre los ojos y vuélvelos a cerrar.

Paso 7

Una vez más, sólo en tu imaginación, levanta el brazo derecho a la altura del hombro y apunta con el índice hacia adelante. En tu imaginación, gira el brazo derecho y el cuerpo en el sentido de las agujas del reloj. Esta vez vaya incluso más lejos que antes. De hecho, imagine que gira 360 grados en el sentido de las agujas del reloj. Imagina que te sientes cómodo, fácil y sin esfuerzo. Fíjate en lo bien que le sienta a tus caderas y a tu cuerpo ser tan flexible. Haz una foto mental de lo que se siente al estar en esta posición y, cuando estés seguro de haberlo hecho, gira el cuerpo hasta la posición original, con el brazo apuntando de nuevo hacia delante. Cuando estés en esa posición, baja el brazo hacia el costado.

Respira hondo y abre los ojos.

Paso 8

. . .

Esta vez con los ojos abiertos, volveremos a hacer el mismo ejercicio. Pero esta vez, realiza el gesto físicamente como en los primeros pasos, en lugar de mentalmente. De nuevo, con los ojos completamente abiertos, levanta el brazo derecho y apunta con el índice hacia delante. Gire de nuevo el brazo derecho y el cuerpo en el sentido de las agujas del reloj. ¿Qué sucede? Si eres como la mayoría de la gente, te darás cuenta de que has avanzado entre un 25 y un 50% más que la primera vez que lo intentaste.

¿Cómo has conseguido llegar mucho más lejos esta vez? La respuesta a esa pregunta es nada menos que el secreto mismo de la creación de tu futuro. Pero, ¿qué ha pasado realmente aquí?

La respuesta más sucinta es que has seguido los pasos de visualización necesarios para crear deseos. Primero creaste una imaginación bien definida de un estado meta elegido (decidiste lo que querías con claridad y especificidad), y luego entraste en la experiencia de tener ese estado meta (lo ensayaste en tu mente) como si fuera real para ti AHORA.

3 Pasos importantes para llevar tus deseos a la realidad física:

. . .

1. Decide con claridad y especificidad lo que quieres en tu vida.

2. Crea una visualización vívida y rica en sensaciones de cómo sería, sonaría y se sentiría si estuvieras viviendo esa realidad AHORA MISMO.

3. Entra (asóciate) en la experiencia del resultado cumplido y vívelo como si realmente estuviera sucediendo.

Una persona que es capaz de entrar en la experiencia rica en sensaciones del objetivo cumplido no puede evitar poner en movimiento las fuerzas universales que hacen que ese resultado fructifique. Eso es lo que lograste en el último ejercicio; sabías lo que querías, y luego literalmente "entraste" en la experiencia del resultado cumplido, sintiendo exactamente lo que sentirías si estuvieras experimentando ese resultado ahora.

Presta atención a los resultados de este ejercicio. Empleaste unos 5 minutos en el proceso y, en esos pocos minutos, lo más probable es que aumentaras tu rendimiento al menos entre un 10 y un 33%. Es muy emocionante saber eso cuando dejas que tu mente divague por otros lugares de tu vida en los que podrías utilizar esta habilidad.

. . .

Durante este ejercicio en particular, no aumentaste tus habilidades inherentes; lo que realmente hiciste fue instalar los tipos de estados de recursos que tendrían más probabilidades de conducir al aumento de rendimiento que experimentaste. Una vez que decidas con claridad y especificidad lo que quieres, puedes utilizar tu mente consciente para dirigir a tu mente subconsciente a crear los estados que correspondan para manifestarlo en tu vida.

Ejercicio - Condicionamiento del éxito para manifestar deseos

El condicionamiento conductual se produce automáticamente y no es más que una forma de aprendizaje. Como ser humano, siempre estamos aprendiendo, no podemos "no aprender". Cada experiencia, ya sea monumental o trivial, es una experiencia de aprendizaje y, por lo general, ocurre de forma totalmente subconsciente. El condicionamiento conductual es automático; cada vez que te das cuenta de que te detienes automáticamente en un semáforo en rojo, o corres al teléfono cuando suena, o haces cualquier tarea rutinaria y de repente te das cuenta de que la estás haciendo de verdad, es condicionamiento conductual.

. . .

Esto también se aplica a responder con comportamientos no deseados que te impiden comandar tu éxito.

Ocurre rápida y automáticamente cada vez que ves, oyes o sientes lo que solían ser los antiguos desencadenantes; se trata de un emparejamiento de un estado emocional o conductual (por ejemplo, frustración, angustia) con un estímulo ambiental único (una vista, sonido, olor, sabor o tacto de alguien o algo, o una combinación de ellos). Los científicos denominan condicionamiento clásico a este tipo de emparejamiento entre estímulos ambientales y respuestas conductuales. Ocurre todo el tiempo en los seres humanos, y casi siempre fuera de la conciencia.

Entonces, ¿cómo aprendiste a asociar un estímulo ambiental y tu respuesta a él? Por ejemplo, piensa que ver una luz roja girando en el espejo retrovisor te produce una respuesta aparentemente instantánea: apartarte del camino. (A la mayoría de la gente le recorre el cuerpo una inyección inmediata de miedo cuando ve esto). Responderemos a esto explorando la forma en que se crean las respuestas conductuales.

. . .

La mente subconsciente puede asociar una serie de emociones con imágenes, sonidos o la imaginación de las cosas que suceden. A menudo, muchas personas no son conscientes de por qué se comportan así. Esto puede hacer que una persona se sienta como si estuviera desequilibrada; o, puede etiquetarse a sí misma como que tiene un trastorno mental debido sólo al hecho de que no sabe cómo funciona el cerebro humano. La verdad es que responden así porque su cerebro funciona perfectamente. De hecho, está haciendo exactamente aquello para lo que fue diseñado.

El siguiente ejercicio es útil para programar tu cerebro para que responda de la manera que tú quieres la próxima vez que te encuentres obstruyendo lo que realmente deseas.

Puede que algunos de los pasos te parezcan repetitivos; sin embargo, recuerda que ésta es una parte importante del proceso para que la mente establezca nuevos comportamientos.

Primer paso

. . .

Tómese un momento para imaginar el tipo de situación en la que se ha encontrado sintiéndose o comportándose negativamente en el pasado a la que le gustaría responder de forma diferente. Por ejemplo: Puede que quieras tener éxito y prosperidad, pero parece que no encuentras la motivación.

O, tal vez es sólo que no estás seguro de qué dirección tomar para hacer que esto suceda para ti y te sientes frustrado o abrumado por eso. Más aún, puede que te des cuenta de que estás saboteando tus propios esfuerzos a nivel subconsciente y quieras cambiar ese patrón debido a la angustia que te causa.

Tómate tu tiempo y fíjate en qué es lo que ha hecho que te sientas como no quieres sentirte.

¿Qué es lo que hace que te bloquees? ¿Qué ves en esta imagen o situación que no está presente cuando no te sientes desmotivado, frustrado o angustiado? Repasa mentalmente la experiencia tantas veces como sea necesario para ayudarte a determinar cuál es el desencadenante subconsciente que provoca este comportamiento. Presta mucha atención al punto de la situación en tu mente en el que realmente sientes tu mayor nivel de angustia.

. . .

Una vez que hayas determinado qué es lo que ves cuando respondes de forma no deseada, toma una instantánea mental de lo que sea que estés viendo. Esto se llama "imagen de taco negativo".

Paso 2

Deja a un lado temporalmente la "imagen de taco negativo". Despeja tu mente diciendo tu número de teléfono en voz alta. A continuación, prueba a decir el abecedario en voz alta, pero al revés.

Paso 3

Ahora, tómate unos instantes para imaginarte una imagen de ti mismo con el aspecto que tendrías si ya tuvieras todo lo que deseas para ti. Imagina a este "tú" de pie justo delante de ti. Este es el "tú" del futuro; un "tú" que va unos pasos por delante de ti y que ya ha aprendido a superar los retos que te han molestado en el pasado.

Este tú ha resuelto el problema totalmente con métodos que aún no se te han ocurrido, y este tú sabe que tendrá éxito porque ¡este tú ya lo ha tenido! Este tú ya ha pasado por todo lo que tú has pasado, e incluso un poco más. Este tú piensa en ti con amor y bondad ¡y sabe que tendrás éxito!

Imagínese a este "Maravilloso Usted" de pie directamente frente a usted y como una imagen grande, brillante y colorida. Este tú tiene muchos recursos para manejar las respuestas conductuales que han sido un problema para ti en el pasado. Este tú tiene muchas opciones adicionales y una multitud de maneras diferentes de superar lo que antes veías como la "imagen de señal negativa". Tómate un momento para darte cuenta de lo poderosamente atraído que te sientes por este "tú", y cómo con sólo mirar a este otro tú, te encuentras teniendo la fuerte sensación de querer ser igual que esa persona.

Tómate el tiempo que necesites para que la imagen sea lo más real y creíble posible, haciendo de este tú la persona que sabes que quieres ser. Utiliza las cualidades visuales de tu imaginación para enriquecer esta imagen tuya haciéndola más grande, más brillante, más colorida y/o en movimiento.

. . .

Para que tu visualización sea aún más convincente, pregúntate: "¿Qué pasaría si este 'Tú maravilloso' fuera poderosamente hipnotizador? ¿Qué aspecto tendría?". Este tipo de pregunta "qué pasaría si" permitirá inmediatamente a tu cerebro crear una imagen más embriagadoramente atractiva del nuevo "Tú Maravilloso".

Paso 4

Imagínate a este nuevo "Maravilloso Tú" encogiéndose hasta convertirse en un diminuto punto brillante, igual que se convirtió la bruja buena en la película del Mago de Oz. Imagínatelo como un poderoso y concentrado guijarro brillante lleno de todas las maravillosas cualidades que hacen a una persona exitosa y próspera en la vida.

Paso 5

Recuerde una vez más su "imagen de taco negativo", pero considérela como una vidriera en su mente. ¿Ha utilizado alguna vez un tirachinas? Piense en colocar el pequeño punto brillante que contiene el nuevo "Yo maravilloso" en un tirachinas. Ahora, imagina que sostienes el tirachinas justo delante de ti y apuntando directamente hacia ti. Imagínate tirando de él hacia atrás, lejos de ti, cada vez más lejos, hasta que sientas que la tensión del tirachinas crece tanto que no puedes sostenerlo más.

Suelta el tirachinas e imagina que este pequeño punto brillante, que contiene al "Tú Maravilloso", viene hacia ti gritando, creciendo y expandiéndose, más grande y más brillante, hasta que rompe la imagen negativa y la destruye completamente en el proceso, igual que un guijarro haría con una vidriera. En lugar de la vieja imagen, ve la imagen grande, brillante, colorida y excitante del "Tú Maravilloso" y ¡siente la victoria al hacerlo!

Paso 6

Abre los ojos y vuelve a cerrarlos para despejar la pantalla.

Paso 7

La clave para que este ejercicio sea un éxito es la velocidad y la repetición. Así que ahora vamos a hacer estos pasos un poco más rápido.

. . .

Imagina que colocas el pequeño punto brillante en el tirachinas y tiras de él hacia atrás, alejándolo de ti... tirando cada vez más hacia atrás, hasta que la tensión del tirachinas es tan grande que tienes que DEJARLO IR. El pequeño punto brillante se acerca gritando, atravesando la imagen desagradable y destruyéndola por completo. En su lugar aparece el gran, brillante y colorido "¡Maravilloso Tú!".

Ahora, tómate el tiempo de sentir este éxito mientras ves esta imagen asombrosamente convincente del "Maravilloso Tú" ¡Involucrar completamente tu visión mental!

Abre los ojos y vuelve a cerrarlos para despejar la pantalla.

Paso 8

Repite este paso diez veces más, asegurándote de abrir y volver a cerrar los ojos entre cada vez.

Paso 9

. . .

Ahora, haz todo el proceso cinco veces más, haciéndolo más rápido cada vez, y asegurándote de ver la pantalla clara en tu mente entre cada vez.

Paso 10

Ok, dije que sería repetitivo. Repita el proceso tres veces más, asegurándose de ver la pantalla transparente entre cada vez.

Paso 11

Y, por último, ejecute el proceso dos veces más, lo más rápido que pueda. Asegúrese de ver la pantalla clara entre cada vez. Si lo haces muy rápido, es posible que no te des cuenta de que las imágenes cambian de lugar.

Paso 12

Ahora que has realizado este proceso MUCHAS veces, es importante que compruebes los efectos de tu trabajo.

. . .

Tómate un momento para darte cuenta de lo que ocurre cuando intentas volver a tener en mente esa imagen de referencia original y desagradable.

Intenta con todas tus fuerzas recuperar los viejos sentimientos. Puede que descubras que no puedes.

Si por casualidad has podido recuperar alguno de los viejos sentimientos de desempoderamiento, realiza este ejercicio de 10 a 20 veces más, recordando que la velocidad y la repetición son las claves para que te funcione.

El condicionamiento conductual es una forma muy poderosa de aprendizaje. Si una persona puede aprender a aprovechar este poder y empezar a controlarlo y dirigirlo intencionadamente, entonces la capacidad de esa persona para programar o condicionar respuestas poderosas de la manera elegida es una perspectiva apasionante. Anclar el tipo de respuestas conductuales deseadas puede convertirse en una respuesta muy real en lugar de acciones y reacciones no deseadas. Cuanto más le diga una persona a su cerebro qué es lo que quiere, más probabilidades tendrá de experimentarlo automáticamente. Y una vez que esto ocurre a nivel interno, se atraerán las circunstancias externas que coincidan.

. . .

Ejercicio - Técnica Whiteout

El propósito de este proceso es permitirte dejar de pensar en un recuerdo que sigue entrando a la fuerza en tu conciencia y te hace sentir incómodo. Todos tenemos recuerdos malos o embarazosos que nos impiden rendir al máximo. Este es un ejercicio sencillo diseñado para sacarlos de tu conciencia para siempre, de modo que puedas eliminar cualquier bloqueo que se interponga en tu camino para crear lo que realmente quieres.

Primer paso

Piensa en algo que, cuando piensas en ello, te hace sentir incómodo. Será algo que sabes que te detiene cuando intentas hacer cambios en tu vida. Será una de esas historias persistentes que tu mente insiste en contarte y que hace que te sientas inseguro a la hora de intentar algo nuevo.

Por ejemplo: Puede que haya algo que no puedas quitarte de la cabeza y que te produzca un sentimiento negativo.

Por ejemplo, puede haber un momento en el que te avergonzaste de ti mismo, o un recuerdo que tiende a recordarte lo inútil que eres en una habilidad concreta, específicamente cuando estás intentando rendir al máximo.

Ten esa imagen clara en tu mente.

Paso 2

Coloque esta imagen mental en una pantalla de televisión o de cine dentro de su mente. Ahora, imagina que tienes los controles de esta pantalla; en concreto, tu mano está en el mando del "brillo". Sube el brillo de la imagen rápidamente hasta el blanco.

Párate un momento y piensa en algo completamente distinto, como ponerte sobre una sola pierna mientras intentas hacer hula hula... para romper tu estado.

Paso 3

Piensa de nuevo en el recuerdo. Ahora, imagina de nuevo esta imagen en la pantalla de tu mente. Una vez más, sube MUY rápido el brillo de esta imagen hasta el blanco. Pausa un momento y piensa en algo completamente diferente - - quizás esta vez, perritos y gatitos.

Paso 4

Repite este proceso, incluso rompiendo tu estado entre medias, cinco veces más.

Paso 5

Piensa de nuevo en este recuerdo no deseado y observa cómo te sientes al respecto. Espero que ocurra una de estas dos cosas: O se borra por sí solo (espeluznante), o no puedes visualizar la imagen con claridad.

Al repetir este proceso una y otra vez le estás diciendo a tu cerebro lo que quieres que haga. Al terminar cada intento con una imagen completamente blanca, al cerebro le resulta muy difícil invertir el proceso.

. . .

La pausa entre cada intento es importante para garantizar que no se crea un bucle en el que el cerebro sigue creando la imagen y aclarándola una y otra vez.

Consejos útiles: Si todavía puedes sentirte mal con la imagen, intenta repetir el proceso unas cuantas veces más. Puede que quieras realizar el blanqueo más rápido, o prueba a añadir un efecto de sonido para ver y oír cómo tu imagen se precipita hacia el blanco para obtener resultados más concretos.

Ejercicio - El patrón Swish

Este proceso en concreto es estupendo para aplicarlo a cuestiones de motivación. De forma similar al proceso anterior, sustituirá una imagen no deseada y el estado emocional relacionado con ella por una representación más deseable.

De este modo, podrás asumir la condición de "ser" más de lo que quieres atraer hacia ti. Como se mencionó anteriormente en el libro, no atraes lo que quieres; atraes lo que eres.

. . .

Primer paso

Piensa en un aspecto de tu vida en el que no seas tan ingenioso como te gustaría y fíjate en la representación que haces. Quizá cada vez que piensas en salir a correr te imaginas quedándote sin aliento y no disfrutando de la experiencia. O puede que te veas como alguien que siempre está "sin blanca", con experiencias que se corresponden directamente con eso.

Paso 2

Ahora hazte una imagen de cómo te gustaría vivir ese acontecimiento.

Por ejemplo: Imagínese dando zancadas en la cinta de correr lleno de energía, con una postura inmaculada, mientras a su alrededor la gente suda y se esfuerza. O imagínate yendo de compras y gastando dinero libremente mientras viajas de tienda en tienda en tu flamante coche nuevo. Recuerde que se trata de su representación, así que hágala lo más motivadora posible. Tómese su tiempo para asociar los sentimientos que corresponden a esta nueva imagen suya.

. . .

Paso 3

Cuando estés satisfecho con esta representación, descansa un momento y piensa en la imagen original, sin recursos, y coloca un pequeño punto en el centro o en una de sus esquinas. Este pequeño punto es una copia muy pequeña de la segunda imagen (con recursos).

Paso 4

Ahora, muy rápidamente, y con un bonito ruido silbante, expanda el punto hasta que llene toda la imagen original, sustituyendo la imagen antigua por la nueva. La imagen positiva debe ser ahora la única imagen que puedas ver. Pausa un momento y piensa en algo diferente para romper tu estado. Por ejemplo: Imagina gatos persiguiendo a perros.

Paso 5

. . .

Vuelva de nuevo a la primera imagen. Siga realizando este desplazamiento hasta que pueda completarlo sin esfuerzo. Tenga especial cuidado en imaginar primero el punto y luego expandirlo rápidamente. Repite este proceso 5 veces más, acordándote de hacer una pausa mental entre cada intento.

Paso 6

Piensa en la tarea que más te ha costado realizar. ¿Qué imagen le viene a la mente? ¿Es capaz de ver la nueva imagen ingeniosa? Si no es así, repita el proceso varias veces más; intente aumentar la velocidad de transición de las imágenes y haga que su efecto sonoro sea más fuerte para provocar un cambio permanente de las imágenes.

El patrón swish puede utilizarse para sustituir cualquier pensamiento negativo por otro más positivo. Como ocurre con muchas técnicas de PNL, la clave está en la velocidad a la que realizas el cambio. Además, al repetir estos procesos una y otra vez, le estás diciendo conscientemente a tu mente subjetiva lo que quieres que haga en un lenguaje que pueda entender. Una vez que haya captado la señal, recordará automáticamente el resultado deseado cuando recuerde la imagen o el escenario adjunto. De este modo, puedes revestirte del estado de ser necesario para atraer más de esos deseos a tu vida.

5

Dominar la concentración y aumentar la productividad

La productividad es la esencia de hackear la mente. Pero la productividad no puede lograrse cuando la mente no ha sido entrenada para centrarse en las tareas esenciales. La mente tiene tendencia a divagar entre varias tareas; cuando esto ocurre, descubrirás que estás haciendo varias cosas, pero no estás obteniendo los beneficios óptimos de esas actividades.

Según un estudio realizado por Microsoft en 2015, el ser humano medio tiene una capacidad de atención de ocho segundos menos que la de un pez dorado. Esta cifra se ha reducido significativamente con el paso de los años debido al hecho de que el cerebro está constantemente buscando la siguiente idea nueva debido a la conectividad digital. Independientemente de la tarea que se esté realizando, la concentración es esencial para aumentar la productividad.

La buena noticia es que la "concentración" puede compararse a un músculo del cuerpo humano, lo que significa que puede desarrollarse. Con una combinación de herramientas y mentalidad, puedes crear un entorno que te obligue a concentrarte.

Consejos para aumentar la concentración y la productividad con la mente

A continuación, le ofrecemos una serie de consejos que le ayudarán a entrenar su mente para estar más concentrado y aumentar así su productividad.

• Haz una cosa cada vez:

De todos es sabido que el recurso tiempo es limitado. Es decir, cada día, todo el mundo dispone de un máximo de veinticuatro horas para trabajar. Este hecho hace que muchas personas se centren en varias cosas al mismo tiempo. Sin embargo, los neurocientíficos han descubierto que la multitarea agota los recursos cognitivos de los seres humanos. Aunque tengas la sensación de que eres más productivo concentrándote en varias tareas a la vez, lo cierto es que habrías sido más productivo si te hubieras centrado en una sola tarea cada vez.

• Haz listas de tareas:

Puede ayudar a su mente a mantener la concentración haciendo una lista de las cosas que debe conseguir cada día. Se obtienen mejores resultados si esta lista se hace la noche anterior. Establezca objetivos razonables para cada día según su orden de importancia. Escriba estos objetivos en un libro y llévelo consigo a todas partes. Marca cada actividad a medida que las vayas consiguiendo. También puedes utilizar algunas aplicaciones en tu smartphone.

• Trabaja en ciclos de 90 minutos:

Varios estudios han llegado a la conclusión de que, de forma natural, los seres humanos pueden trabajar con una concentración óptima durante 90 minutos; después, la frecuencia de la actividad cerebral se reduce durante unos 20 minutos. Por lo tanto, para mejorar la concentración y la productividad, programe sus tareas de modo que trabaje en una tarea durante 90 minutos, haga una pausa y continúe después de otros 20 minutos. Además, cuando estés resolviendo un problema difícil, debes hacer pausas mentales para relajar el cerebro. Esta práctica aumenta la productividad.

• Haz que tu espacio de trabajo sea propicio:

Tendrás que estudiarte a ti mismo y saber qué es lo que funciona para ti. Algunas personas descubren que ciertos colores les distraen cuando están resolviendo un problema, mientras que otros colores aumentan su productividad. En general, haz que tu espacio de trabajo esté libre de distracciones en la medida de lo posible.

Además, para evitar distracciones, puede apagar el teléfono o mantenerlo en modo avión.

6

Fortalece tu fuerza de voluntad para hackear tu mente

En esta sección, aprenderá a hackear su mente aumentando su fuerza de voluntad para incrementar su productividad. La fuerza de voluntad no es algo que se reparte a unos y no a otros. Es una habilidad que puedes desarrollar a través de la comprensión y la práctica.

Antes de entrar en los detalles de cómo mejorar su fuerza de voluntad, sepamos qué es la fuerza de voluntad y consideremos las historias de personas que la utilizaron para tener un éxito rotundo en sus campos de actividad.

La voluntad es la capacidad de tomar decisiones con conocimiento de causa. Todo ser humano tiene libre albedrío; aunque se ejerza obedeciendo las instrucciones de otras personas, sigue siendo la voluntad la que actúa. La fuerza de voluntad, por su parte, es la motivación para utilizar la voluntad.

Un individuo con una fuerza de voluntad fuerte puede decidir a pesar de una fuerte oposición, mientras que un individuo con una fuerza de voluntad débil se rendirá fácilmente ante la oposición.

Según Dan Millman, "la fuerza de voluntad es la clave del éxito. Las personas de éxito se esfuerzan sin importar lo que sientan aplicando su voluntad para superar la apatía, la duda o el miedo". La fuerza de voluntad no consiste en decir "no" a las cosas que no te ayudarán a alcanzar tus sueños, sino también en decir "sí" al trabajo que tienes que hacer para lograr tu objetivo.

Según la Dra. Kelly McGonigal, la fuerza de voluntad es una respuesta que emana tanto del cerebro como del cuerpo. La respuesta llamada "fuerza de voluntad" es una reacción a un conflicto que tiene lugar en la mente. El córtex prefrontal es la parte del cerebro que coordina la toma de decisiones y la regulación del comportamiento.

Desde que la Asociación Americana de Psicología realizó una encuesta en 2011, los estudios sobre la fuerza de voluntad han cobrado fuerza. El objetivo del estudio era determinar los factores responsables del nivel de estrés de la población estadounidense. Muchos de los encuestados informaron de que eran conscientes de lo poco saludable de su estilo de vida, pero no tenían suficiente fuerza de voluntad para iniciar cambios.

Pero es bueno señalar que la fuerza de voluntad no es genética, puede aprenderse y desarrollarse. Siga leyendo y aprenderá a desarrollar su fuerza de voluntad.

Ejemplos de personas de éxito que utilizaron la fuerza de voluntad

Walter Mischel, profesor de Stanford, realizó una serie de experimentos en la década de 1960. Él y su equipo pusieron a prueba a varios cientos de niños de entre 4 y 5 años. Los resultados de la investigación revelaron que la fuerza de voluntad es necesaria para tener éxito en el trabajo, la salud y la vida.

Durante el experimento, llevaron a cada niño a una habitación privada, les hicieron sentarse y colocaron un malvavisco en una mesa frente a ellos. A continuación, el investigador dijo al niño que saldría de la habitación si el niño no se comía el malvavisco antes de que él llegara, recompensaría al niño con un segundo malvavisco; después de esto, el investigador sale de la habitación durante 15 minutos.

Algunos de los niños no podían esperar a que volviera el investigador para comerse el malvavisco, mientras que unos pocos eran capaces de retrasar la gratificación.

Con el paso de los años, los investigadores realizaron un estudio de seguimiento de los niños para comprobar sus progresos en algunas áreas. Se descubrió que los niños que no se comieron el malvavisco antes de que volvieran los investigadores obtuvieron mejores resultados en la selectividad, redujeron el abuso de sustancias y obtuvieron mejores resultados en muchas otras medidas de la vida.

Al cabo de 40 años, los investigadores volvieron a hacer un seguimiento de los niños. Descubrieron que los niños que no se comieron el malvavisco en la fase inicial del experimento habían tenido éxito, independientemente de los criterios utilizados por los investigadores para medir su éxito. Estos experimentos demostraron que la fuerza de voluntad, que en este caso se expresaba como la capacidad de retrasar la gratificación, es esencial para tener éxito en la vida.

Se pueden contar muchas historias sobre aquellos que utilizaron la fuerza de voluntad para triunfar incluso después de haber sido tachados de fracasados. La lista es interminable, desde Thomas Edison, que fracasó varias veces en la fabricación de la bombilla, pero se negó a rendirse, hasta Elvis Presley, que se convirtió en el rey de la música a pesar de que su primera grabación no fue nada del otro mundo, pasando por Albert Einstein, Oprah Winfrey y muchos otros. La vida de estas personas demuestra que la fuerza de voluntad es necesaria para triunfar en la vida.

Cómo reforzar su fuerza de voluntad

Como ya se ha señalado, la fuerza de voluntad puede fortalecerse tanto como agotarse. A continuación, se ofrecen consejos para mejorar la fuerza de voluntad.

• Autoconocimiento:

Se realizó un estudio en el que se preguntó a los participantes el número de elecciones alimentarias que hacían al día. Cuando se agregaron las respuestas, los participantes informaron de que hacían unas 14 elecciones al día. Un seguimiento minucioso de las decisiones de estos participantes reveló que el número medio de elecciones alimentarias diarias es de 227.

Este estudio demuestra que una buena cantidad de personas no son conscientes de las decisiones que toman, y no se puede cambiar un comportamiento del que no se es consciente. El primer paso para fortalecer tu fuerza de voluntad es ser consciente de ti mismo: tus emociones, pensamientos, creencias, hábitos y desencadenantes. Si puedes ser consciente de ti mismo, entonces podrás fortalecer tu voluntad para realizar cualquier cambio que desees. Según Aristóteles, conocerse a uno mismo es el principio de toda sabiduría.

• Meditación:

Durante mucho tiempo se ha mantenido la creencia de que los procesos cerebrales no pueden alterarse. Sin embargo, en la última década, los neurocientíficos han descubierto que el cerebro cambia en función de los comportamientos que se practican.

. . .

Dicho de otro modo, se fortalecen las conexiones neuronales para el comportamiento cuando se practica ese comportamiento, y esto hace que sea más fácil que ese comportamiento ocurra. La meditación ayuda a entrenar la mente o un mejor autocontrol; tiene un efecto notable en varias habilidades que están asociadas con el autocontrol como la atención, el manejo del estrés, la concentración, el control de los impulsos, entre otros.

La buena noticia es que no necesitas años de práctica de la meditación para poder mejorar tu fuerza de voluntad con ella, y no tienes que hacerlo durante horas diariamente. Si practicas la meditación de 5 a 10 minutos cada día, descubrirás un increíble aumento de tu fuerza de voluntad.

Kelly McGonigal, psicóloga e investigadora, explica los beneficios de la meditación. Afirma que cuando nos obligamos a sentarnos y ordenamos a nuestro cerebro que medite, no sólo mejora su capacidad de meditar, sino que desarrolla una amplia gama de habilidades de autocontrol, como la atención, la concentración, la gestión del estrés, el control de los impulsos y la autoconciencia.

La ciencia dice que las personas que meditan regularmente durante períodos más largos tienen más materia gris en el córtex prefrontal, así como en otras regiones del cerebro que apoyan la autoconciencia.

• Ejercicio:

Megan Oaten y Ken Cheng realizaron un estudio para comprobar la eficacia de un nuevo tratamiento para mejorar el autocontrol. La edad de los participantes oscilaba entre los dieciocho y los cincuenta años, y se examinó tanto a hombres como a mujeres. La terapia consistía en ejercicio físico. ¿Acabas de silbar? Espere a leer los resultados del tratamiento.

Los participantes se inscribieron gratuitamente en un gimnasio y se les motivó para que lo utilizaran. No se les dijo que hicieran ningún otro cambio en sus vidas, sólo que utilizaran el gimnasio. Al cabo de dos meses, los participantes experimentaron una reducción del consumo de comida basura, de la procrastinación, de los retrasos en las citas y de ver la televisión; y experimentaron un aumento del estudio, del gasto frugal y de la alimentación sana, entre otros.

De nuevo Kelly McGonigal explica que el ejercicio resulta ser lo más parecido a una droga milagrosa que han descubierto los científicos del autocontrol.

. . .

Para empezar, los beneficios del ejercicio sobre la fuerza de voluntad son inmediatos. Quince minutos en una cinta de correr reducen los antojos, como se observa cuando los investigadores intentan tentar a los que hacen dieta con chocolate y a los fumadores con cigarrillos. Los efectos a largo plazo del ejercicio son aún más impresionantes. No sólo alivia el estrés cotidiano, sino que es un antidepresivo tan potente como el Prozac.

Si quieres utilizar el ejercicio para reforzar tu fuerza de voluntad, no hagas demasiado al principio, prioriza la constancia sobre la intensidad. Además, es aconsejable que hagas más ejercicio al aire libre porque la ciencia ha demostrado que la actividad al aire libre mejora el autocontrol que la actividad en interiores.

7

Mindfulness: aprovechar el poder interior

La atención plena es una capacidad humana fundamental para ser plenamente conscientes del lugar en el que nos encontramos y de lo que estamos haciendo sin sentirnos abrumados por los acontecimientos que nos rodean.

Aunque la atención plena es innata, puede desarrollarse mediante métodos y técnicas de eficacia probada. La atención plena ayuda a reducir el estrés, ganar comprensión, mejorar el rendimiento y la autoconciencia mediante la observación de la propia mente.

Mindfulness es una práctica que fue promovida significativamente en Oriente por instituciones espirituales y religiosas. Sin embargo, en Occidente, son personas e instituciones seculares las responsables de su difusión.

A Jon Kabat-Zinn, profesor emérito de Medicina y creador de la Clínica de Reducción del Estrés y del Centro de Mindfulness en Medicina, Atención Sanitaria y Sociedad de la Facultad de Medicina de la Universidad de Massachusetts, se le atribuye la llegada del mindfulness a Estados Unidos.

Mientras estudiaba en el MIT, conoció la filosofía del budismo. Más tarde, fundó la Clínica de Reducción del Estrés, donde creó un programa llamado "Reducción del Estrés Basada en la Atención Plena" (MBSR) utilizando las enseñanzas budistas sobre la atención plena.

Se definió mindfulness como el "proceso psicológico de llevar la atención a las experiencias internas y externas que ocurren en el momento presente, que puede desarrollarse mediante la práctica de la meditación y otros entrenamientos."

. . .

Desde entonces, más científicos se han interesado por estudiar los efectos de la atención plena en el cerebro. Cabe destacar un estudio de Harvard que reveló que, a través del mindfulness, el cerebro creaba nueva materia gris en zonas importantes para el aprendizaje y la memoria, la autoconciencia, la simpatía y la introspección.

Según Britta Holzel, primera autora del trabajo e investigadora de la Universidad de Giessen (Alemania), "es fascinante ver la plasticidad del cerebro y que, practicando la meditación (que es uno de los pilares del mindfulness), podemos desempeñar un papel activo en el cambio del cerebro y aumentar nuestro bienestar y calidad de vida".

A continuación, te presentamos algunos datos que debes conocer sobre el mindfulness.

- La atención plena no es misteriosa ni vaga: Es algo que todo el mundo hace ya, aunque en distintos grados y de diferentes maneras.
- La atención plena no es algo añadido: ya forma parte de nuestra naturaleza humana. La capacidad de estar presente ya está presente en cada ser humano. No tienes que cambiar quién eres para practicar mindfulness. Sin embargo, estas cualidades innatas pueden desarro-

llarse mediante sencillas prácticas con base científica que nos ayudarán a sacarle el máximo partido.

• Cualquiera puede hacerlo: Mindfulness no requiere un cambio de creencias religiosas. Sólo se basa en cualidades humanas universales. Todo el mundo puede aprender y beneficiarse de ella.

• Es una forma de vivir: Más que una práctica, el mindfulness nos ayuda a tomar conciencia de todo lo que hacemos, ayudándonos así a eliminar el estrés y a mejorar nuestra vida.

• Se basa en pruebas: Tanto la ciencia como la experiencia han demostrado que el mindfulness aporta beneficios positivos a nuestras vidas. No hace falta que te lo creas para comprobar que funciona en tu vida; basta con que lo practiques.

Beneficios de la atención plena

Son varios los beneficios del mindfulness que han puesto de manifiesto las diferentes investigaciones que se han llevado a cabo en esta línea. Algunos de ellos se comentan a continuación.

• Reducción del estrés:

En un estudio realizado por Farb et al. En 2010, las medidas autoinformadas de depresión, ansiedad y psicopatología de los participantes que fueron asignados aleatoriamente a un grupo de ocho semanas de reducción del estrés basado en mindfulness se relacionaron con los controles después de ver películas tristes.

La investigación informó de que los sujetos que practicaban la reducción del estrés basada en la atención plena presentaban significativamente menos depresión, ansiedad y malestar somático en comparación con el grupo de control.

Este estudio concluyó que el mindfulness hace que las personas sean conscientes de su capacidad para utilizar estrategias de regulación de las emociones de un modo que les permite experimentarlas de forma selectiva.

• Aumento de la memoria de trabajo:

Estudiosos realizaron un estudio en 2010. Los sujetos tenían tres grupos. El primer grupo era un conjunto de personal militar al que se introdujo en un entrenamiento de mindfulness de ocho semanas; el segundo grupo era un conjunto de personal militar que no participó en el entrenamiento de mindfulness, y el tercer grupo es un conjunto de civiles que no participaron en el entrenamiento de mindfulness. Todos los sujetos de los grupos militares estuvieron expuestos a acontecimientos altamente estresantes antes de su despliegue.

La investigación informó de que la capacidad de memoria de trabajo de los individuos del grupo de militares no meditadores se redujo con el tiempo; los civiles no meditadores tenían una memoria de trabajo estable; mientras que el grupo de militares meditadores tenía una memoria de trabajo aumentada con el tiempo. Por lo tanto, el estudio concluyó que el mindfulness aumenta la memoria de trabajo de los individuos.

• Concentración:

La atención plena se asocia a una mayor capacidad para concentrarse y evitar distracciones. Un grupo de investigadores comparó a un conjunto de meditadores de mindfulness con un grupo de control que no meditaba. Descubrieron que los meditadores tenían un rendimiento significativamente mejor en todas las medidas de atención consideradas. El estudio concluyó que el mindfulness aumenta la concentración y la atención.

Otros beneficios del mindfulness incluyen una mayor flexibilidad cognitiva, satisfacción en las relaciones, menor reactividad emocional, aumento de la funcionalidad inmunológica, entre otros.

. . .

• Mejora la inteligencia emocional:

Observar constantemente los pensamientos y las emociones durante las prácticas de mindfulness reduce la tendencia a reaccionar ante el despertar de emociones como la ira o el estrés y, por tanto, desarrolla la inteligencia emocional.

Prácticas sencillas de atención plena

Las siguientes son prácticas sencillas de mindfulness que pueden ayudarte a disfrutar de sus beneficios.

• Sentarse con atención: La mayoría de la gente ya la conoce. Es una práctica en la que te sientas en un lugar cómodo y permites que tu mente esté presente. Puedes centrarte en las emociones, la respiración o las sensaciones corporales, entre otras cosas.

• Caminar con atención: A algunas personas no les gusta estar sentadas mientras meditan, también puedes caminar. Puedes conseguirlo llevando tu mente al movimiento de tus pies, a la temperatura de la habitación o del campo por donde caminas, entre otros.

• Alimentación consciente: También puedes practicar

la atención plena mientras comes, prestando atención a tu experiencia de sabor, olor, color y textura mientras comes.

• Hablar y escuchar con atención: Para conseguirlo, debes asegurarte de que tu mente está presente y de que prestas atención a las señales verbales y no verbales de la persona a la que escuchas. Si eres tú quien habla, presta también mucha atención a tus señales verbales y no verbales.

Cómo practicar la atención plena

Como se ha señalado anteriormente, la atención plena está arraigada en la naturaleza humana y debería ser una forma de vida; en otras palabras, debería ser algo que hicieras en cada momento del día. Sin embargo, para desarrollar esta capacidad innata, deberías considerar prestar atención a los consejos que se comentan a continuación.

• Crea tiempo y espacio para la práctica de la atención plena:

Debes elegir un momento del día en el que no te distraigas, y será maravilloso si puedes hacer que este momento sea constante durante todos los días. Así, cuando llegue ese momento del día, tu cuerpo sabrá automáticamente que es hora de practicar mindfulness.

Además, deberías dedicar un espacio de tu casa a la práctica de mindfulness. Si puedes evitar hacer cualquier otra cosa en este espacio que no sea la práctica de mindfulness, será estupendo. De tal forma que tu cuerpo reciba una notificación cada vez que acudas a ese espacio de que es hora de meditar.

• Concéntrate en el momento presente:

Cuando practiques mindfulness, debes llevar tu mente conscientemente a pensar sólo en el presente, pero sin juzgar nada. Sólo sé consciente de lo que tienes en el presente: el olor de la habitación, los movimientos de tu cuerpo, tu respiración, tus emociones, entre otros. No pienses en el pasado, porque no puedes cambiarlo; no pienses en el futuro, porque aún no ha llegado, sólo estate en el presente.

• No tengas prisa:

Cuando practiques mindfulness, no debes mirar la hora; distraerá tu mente. Abandona la sala de meditación sólo cuando creas que has terminado.

. . .

- Haz que tu mente regrese cuando divague:

No eres el único que experimenta la mente errante mientras practica la meditación de atención plena, no te juzgues ni te condenes. En cuanto te des cuenta de que tu mente está divagando, tráela de vuelta al presente.

8

Sintonice su intuición para aprovechar la mente subconsciente

Una mujer contó la historia de un incidente ocurrido cuando su hijo tenía nueve meses. Se había tragado una moneda que encontró antes de que ella se diera cuenta. Al ser madre primeriza, se sintió desconcertada. Sin embargo, los miembros mayores de la familia le dijeron que no se asustara, ya que este tipo de sucesos ocurren de vez en cuando.

En el fondo sabía que algo no iba bien. Su instinto le pedía a gritos que llevara al niño al hospital, aunque él se comportaba como si no pasara nada. Al final, a medianoche, decidió ceder a su intuición, despertó a su marido y llevaron al niño al hospital. Al llegar al hospital, le hicieron una radiografía y descubrieron que el penique estaba atascado.

. . .

El médico dijo que, si el penique se hubiera movido ligeramente, habría bloqueado las vías respiratorias del niño y ella podría haberlo perdido. Si no hubiera hecho caso a sus instintos, el niño habría muerto. Le quitaron la moneda y ahora está bien.

La intuición es un conocimiento o conciencia instantánea que no emana de la percepción o el razonamiento humanos.

Es un sentimiento en tu interior que te motiva a actuar con rapidez. La intuición es innata; todo el mundo la tiene, pero no todo el mundo la utiliza. Cabe destacar que muchos grandes empresarios, como Conrad Hilton y Donald Trump, dependen de su intuición para tomar decisiones empresariales más inteligentes.

Steve Jobs confiaba mucho en el poder de la intuición.

Cuando visitó la India, confesó que muchas de las cosas con las que tropezó por curiosidad e intuición le resultaron impagables más tarde. Jobs cree que la intuición es más poderosa que el intelecto; si tuviera que considerar el efecto de ambas en su trabajo, diría que su intuición le ha influido más que su intelecto.

Jobs resume su creencia sobre la intuición en esta cita: "Tu tiempo es limitado, así que no lo malgastes viviendo la vida de otra persona.

No te dejes atrapar por el dogma, que es vivir con los resultados del pensamiento de otras personas. No dejes que el ruido de las opiniones ajenas ahogue tu voz interior. Y lo más importante, ten el valor de seguir tu corazón y tu intuición. De alguna manera, ellos ya saben en qué quieres convertirte realmente. Todo lo demás es secundario".

Albert Einstein también cree que la intuición es un don inestimable para el ser humano, pero que los pensamientos racionales pueden suprimirla. Einstein siguió su intuición para tener las ideas que dieron origen al éxito extraordinario que experimentó. Cientos, miles y millones de personas han descubierto el poder de su intuición. Afirmó que "la imaginación es más importante que el conocimiento. Porque el conocimiento es limitado, mientras que la imaginación abarca el mundo entero, estimula el progreso, da origen a la evolución."

. . .

Ventajas de seguir los instintos

A continuación, se exponen algunas de las ventajas de obedecer a tu intuición.

- Le ayuda a identificar y resolver problemas con eficacia, reduciendo así el estrés.
- Le ayuda a ser consciente del posible peligro, manteniéndole así más seguro.
- Ayuda a tu mente lógica en la toma de decisiones.
- Te abre a nuevas ideas.
- Te ayuda a desarrollar la confianza en tu sabiduría.

Cómo desarrollar su capacidad de intuición

Habiendo visto los inmensos beneficios de seguir tu intuición, es esencial que aprendas cómo aumentar tu capacidad para saber lo que te dice tu intuición, seguirla y confiar más en ella. A continuación, se describen algunas técnicas de eficacia probada para desarrollar la intuición.

- Medita:

La meditación te ayuda a centrarte en el presente y a ser más consciente de todo lo que ocurre a tu alrededor.

. . .

Cuando medites más a menudo, serás más consciente de tu intuición.

• Presta atención a los pequeños empujones:

El mejor momento para empezar a escuchar a tu intuición es en pequeños asuntos intrascendentes. Cuando la sigues y descubres que sale bien, esa experiencia refuerza tu capacidad de depender de tu intuición en situaciones que ponen en peligro tu vida.

• Relájate:

Si quieres resolver un problema y no encuentras el camino, no podrás escuchar a tu intuición mientras estás sentado en tu escritorio tratando de encontrar la solución.

Debes aprender a relajarte. La relajación incluye pero no se limita a dormir o tumbarse. Sólo significa hacer otra cosa que no esté relacionada con el problema que intentas resolver. Por ejemplo, Albert Einstein confesó una vez que obtenía sus mejores ideas mientras navegaba. También Steve Jobs suele dar largos paseos cuando no encuentra la solución a un problema. Escucharás tu intuición cuando tu mente esté relajada.

. . .

• Comprende tus sueños:

Nuestro subconsciente es a menudo la voz de nuestro yo más elevado, que nos habla en sueños con símbolos. Incluso puedes pedir a tus sueños respuestas a preguntas concretas y tener lápiz y papel junto a la cama para anotar lo que surja.

Nuestros sueños nos dan pistas importantes. Harriet Tubman confió en sus sueños para poner a salvo a 300 esclavos. Einstein soñó muchas de sus teorías. Si sintonizas con tus sueños y aprendes a interpretar tus símbolos y emociones personales, también te volverás más intuitivo.

• Separa la emoción de la intuición:

La intuición no se basa en los sentimientos, como mucha gente cree. Para estar seguro de que el empujón que sientes procede de tu intuición, pregúntate si estás ansioso, estresado o preocupado por algo. Si no es así, lo más probable es que tu intuición te esté hablando.

• Lleva un diario:

Escribe lo que crees que te dice tu intuición y cómo se

desarrollaron los acontecimientos, incluidas las sensaciones asociadas a cada intuición. Cuando leas este diario, te ayudará a descubrir el patrón a través del cual te habla tu intuición y también fortalecerá tu resolución de obedecer siempre a tu intuición. De este modo, te convertirás en un maestro de tu intuición.

• Crea o juega a juegos intuitivos:

También puedes reforzar tu intuición jugando a juegos en los que tengas que adivinar. Cuando suene el teléfono, adivina quién llama. Adivina todo lo "adivinable". Cuanto más utilices tu intuición, más fuerte se hará.

9

Doblegar la realidad y volverse ilimitado

La historia de una señora a la que llamaré Julieta demuestra que la mente controla la realidad. Cuando Julieta tenía unos ocho años, su madre le contó que, al enterarse de que estaba embarazada de ella, le dijo al padre que no quería otro bebé. Tras oír estas palabras, la personalidad de Julieta cambió. Sintió que no la querían y, por lo tanto, a partir de entonces dejó de ser querida.

Aunque su madre era cariñosa y se comprometía a cuidarla, no podía quitarse esas palabras de la cabeza. Julieta se casó con un hombre muy cariñoso, sincero y leal. Sin embargo, no pudo disfrutar de su matrimonio porque se juzgaba a sí misma poco amable. Dudó de la sinceridad del amor de su marido hasta que éste se sintió frustrado y ella le obligó a retirarle su amor, de modo que su creencia de que no era digna de ser amada se convirtió en su realidad.

La historia de Juliet no es una entre un millón; muchas otras personas tienen historias similares. Una frase dicha a una persona puede cambiar su vida para siempre.

Según la Dra. Alia Crum, directora del Laboratorio de Mente y Cuerpo, "nuestras mentes no son observadores pasivos que se limitan a percibir la realidad tal cual es. Nuestras mentes realmente cambian la realidad". A partir de sus estudios, descubrió que las personas que creen que realizar un trabajo físico para ganarse la vida equivale a hacer ejercicio viven más tiempo, independientemente de la cantidad de ejercicio que acaben haciendo.

Además, la tensión arterial de las personas aumentó cuando se les dijo que una bebida que estaban consumiendo contenía cafeína; de las cuales, el zumo no contenía cafeína.

Esa información tuvo el mismo efecto sobre su presión arterial que cuando consumían una bebida que realmente contenía cafeína.

. . .

A continuación, se exponen algunos de los diversos estudios que revelan que, con el poder de la mente, todo es posible.

Alan Richardson, psicólogo, realizó un experimento para demostrar el poder de la visualización.

Reunió a algunos jugadores de baloncesto y los dividió en tres grupos. El objetivo del estudio era determinar el efecto de la visualización en el número de tiros libres que convertían los jugadores. Al primer grupo se le exigió que practicara tiros libres durante 20 minutos todos los días; al segundo grupo se le restringió la participación en la práctica, sólo debían visualizarse a sí mismos lanzando tiros libres. Al tercer grupo no se le permitió ni practicar ni visualizar.

Los resultados de la investigación revelaron que el grupo que practicó y el grupo que visualizó tuvieron casi el mismo número de tiros libres convertidos, mientras que los tiros libres convertidos del tercer grupo fueron significativamente inferiores. Esta investigación revela que visualizando se puede crear realidad.

. . .

El Dr. David Spiegel, de la Universidad de Stanford, realizó un estudio en 1989 para demostrar que la positividad y la meditación prolongan la vida. Tomó como sujetos a 86 mujeres con cáncer de mama. Las dividió en dos grupos: el primero sólo recibió la atención médica prescrita, mientras que el segundo recibió sesiones semanales de apoyo mental además de la atención médica. Las pacientes debían compartir sus sentimientos y socializar con otras pacientes durante las sesiones semanales de apoyo mental. Los resultados del estudio revelaron que las mujeres que recibieron apoyo sobrevivieron el doble que las que sólo recibieron atención médica.

Estos y muchos más estudios como los experimentos del Dr. William A. Tiller, el experimento del doble limo, los experimentos de intención, entre otros, han revelado el poder de la mente sobre la realidad.

Walter Isaacson, en la biografía, Steve Jobs afirma sobre Jobs: "A lo largo de su vida trataría de seguir los preceptos básicos de las religiones orientales, como el énfasis en la prajna experiencial (visión directa de la verdad enseñada por Buda), la sabiduría o comprensión cognitiva que se experimenta intuitivamente a través de la concentración de la mente."

. . .

Supongo que no sólo quiere saber que la mente afecta a la realidad, sino que también se pregunta cómo puedo utilizar mi mente para alcanzar la realidad que deseo. Siga leyendo.

CÓMO DOBLEGAR LA REALIDAD Y VOLVERSE ILIMITADO MEDIANTE EL PODER DE LA MENTE

Siguiendo estos sencillos consejos comentados, aprovecharás el poder de tu mente para crear tu realidad.

• Medita a menudo: La meditación da energía a tu creatividad y te ayuda a tener la motivación adecuada para cumplir tus deseos.

Te permite aprovechar el poder de tu subconsciente tendiendo un puente entre tu mente consciente y tu subconsciente. Diseña tu agenda diaria de forma que te permita un momento de meditación. No tiene por qué ser durante horas, puede ser tan sólo de 5 a 10 minutos diarios, pero tienes que ser constante. Obtendrá mejores resultados si dispone de un espacio dedicado exclusivamente a la meditación.

. . .

- Visualiza: Cuando hayas decidido lo que quieres ser, visualízate en esa posición. Visualízate haciendo las cosas que deseas hacer y estando en los lugares en los que quieres estar. Te sorprenderá lo mucho que esto puede moldear tu realidad.

- Cree en ti mismo: Tu mente no conoce la diferencia entre tus pensamientos y la realidad; por lo tanto, debes creer que lo que quieres conseguir es posible. Sin esta creencia, tu mente sólo trabajará en tu contra. Para ayudarte a creer, puedes utilizar afirmaciones que te recuerden constantemente la posibilidad de alcanzar tus objetivos hasta que se introduzcan en tu subconsciente.

- Utiliza tu intuición: Cuando hayas hecho algunas de las cosas comentadas anteriormente, en diferentes puntos, tu mente subconsciente enviará señales a tu mente consciente, tienes que actuar en base a esas piezas de información, y te encontrarás alcanzando tus objetivos.

Otros consejos que podrían ayudarle a aprovechar el poder de su mente subconsciente son: eliminar los límites de tiempo de sus objetivos, el pensamiento positivo y la autoconversación, reducir la absorción de información innecesaria que contradice lo que quiere conseguir, dormir lo suficiente y relajarse, entre otros.

Conclusión

Como has visto, cuando se trata de crear lo que quieres en la vida, los pasos básicos siguen siendo válidos para todas las categorías. Este proceso comprende los detalles prácticos que manifestarán todo lo que deseas en la vida. Sin duda, has utilizado este proceso, posiblemente de forma inconsciente, para crear tus condiciones, circunstancias y objetos físicos actuales. Sin embargo, como ya hemos dicho, a nivel consciente a menudo es más fácil decirlo que hacerlo. Reconozca este proceso siempre que sea posible y combínelo con la práctica de los ejercicios elegidos que se proporcionan en este libro para reforzar su precisión. Con constancia y dedicación, puede que te encuentres atrayendo todo lo que siempre has querido de la vida.

Imagina algo que quieres; algo que realmente deseas tener.

El deseo de conseguirlo es un detalle muy importante.

Recuerde: Cuanto más grande sea el objetivo, más grande debe ser el deseo para que coincida con su significado en tu mente y vibración.

Viaja hacia el futuro con tu mente y experimenta que esta manifestación ya ha sucedido. Recuerda cómo te sientes con esta creación. Observa lo feliz que estás con ella e intenta experimentarla de una forma muy real y rica en sensaciones para que la mente crea en ella como un hecho. Es imperativo llegar a un punto, a través de estados regulares de visualización y sentimiento, en el que tu creencia en esta función sea absoluta; debes habitarla por completo.

Imagina cómo te sientes con esta creación. Siente lo agradecido que estás de tenerla AHORA y lo agradecido que estás de haberte demostrado a ti mismo que puedes cambiar tu mundo dominando tu mente. La gratitud es de suma importancia ya que es una firma emocional de algo que ya ha sucedido. El Universo entiende esto y corresponde.

Siente cómo esta creación simplemente cayó en su lugar y cómo es sólo parte de tu experiencia de vida ahora. Siente lo relajado que te sientes sabiendo que el tiempo ya no es importante porque ya tienes tu deseo. Recuérdate a ti mismo el sentimiento asociado con el día en que recibiste este magnífico regalo que tú creaste. Siente lo bien que te sientes al haberlo diseñado y cómo ahora forma parte de tu experiencia vital. Llena tu mente de detalles sobre la sensación de tenerlo y el sentido de logro que te da.

Siente cómo has sido capaz de utilizar tu éxito para inspirarte un éxito mayor. Quédate aquí y piensa en ello hasta que sientas lo absoluto que es. Este paso es esencial para tu éxito.

Pregúntate si realmente necesitas que esto ocurra en tu realidad. Tu deseo acaba de hacerse realidad para ti, por lo que es realmente real. De hecho, ya lo has creado. ¿Sigues necesitándolo ahora que es real? ¿Puedes sentir por qué no lo sigues necesitando? El sentimiento que deberías experimentar es el de: "Bueno, está claro que esto va a ocurrir en el momento adecuado y de la forma adecuada. Ocurrirá cuando sea mejor que ocurra". Este es el sentimiento que estás buscando tener en tu mente; una posición muy relajada y tranquila con respecto a tu deseo, y fe en que ya ha sido creado.

Esta es la fórmula milagrosa: Apego y desapego de tu deseo exactamente al mismo tiempo. Muestra a tu mente subconsciente lo que quieres, sin presión -- de una manera muy fría y relajada. Todo lo que has logrado en la vida, lo has logrado con este sentimiento y mentalidad antes de que se convirtiera en tuyo.

Tome las medidas adecuadas para alcanzar su objetivo. Con cada cosa que quieras conseguir, intenta convertirte en una autoridad en la materia. Llena tu mente de exploración en relación con tu deseo. Tómate tu tiempo para sacar al azar los estados de sentimiento relacionados con tener este deseo, sin que sea una tarea hacerlo.

Ponte como objetivo poner en práctica alguna acción diaria en esta manifestación; incluso una pequeña acción acercará esta creación a ti.

Por ejemplo: Si quisieras ganar más dinero, revisa todas las opciones que tienes para conseguirlo. ¿Cuál sería el mejor camino que podrías tomar como individuo para crear más dinero en tu vida? ¿Qué otras posibilidades no han considerado antes? ¿De cuántas formas diferentes podría hacerse realidad para usted? Si estás buscando una nueva relación, empieza a fijarte en todas las personas con las que te cruzas cada día. ¿Qué características buscas en una pareja? ¿Cómo te tratarían? ¿Qué estilo de vida llevarían? Esto hace que tu mente busque las cualidades que más deseas en relación con tus objetivos.

Reúna la información necesaria para que su manifestación sea lo más precisa posible. Utiliza los ejercicios de los capítulos anteriores para estimular tu mente y reforzar tus habilidades. Cuando el cerebro empiece a buscar estos detalles, no parará hasta encontrarlos. Imagina que tu trabajo consiste en dar con todos los ingredientes de una receta; todo lo que te gusta específicamente. Y el trabajo del Universo es cocinarlo para ti.

Haz el objetivo consciente de estar determinado y tener una voluntad fuerte hasta que esta manifestación aparezca. Date cuenta de que va a suceder de la mejor manera y en el mejor momento para ti. Ya es real en tu mente y sentimientos, así que ya es tuyo. Como un niño, ¡anticipa lo emocionante que es este regalo!

Piensa en lo que aún necesitas aprender para que todo esto suceda. Esto abre la mente para buscar más las respuestas y, a su vez, atraer esas respuestas hacia ti.

El objetivo es añadir menos esfuerzo y más reflexión al tema. Piensa en ello como si fuera un proyecto de investigación sobre el que estás recopilando información. Tómate descansos cuando lo sientas como un trabajo o una obligación para disminuir la resistencia; vuelve a él cuando sientas todo tu potencial. Observa cómo te sientes y fíjate en las dudas que surjan. Utiliza los ejercicios de PNL indicados para acallar esas dudas persistentes.

Pon las probabilidades a tu favor para pasar de la posibilidad a la probabilidad. Recuerda que no puedes renunciar a algo que ya ha sucedido en tu mente y en tus estados de ánimo. Una vez que es real para ti, ya es tuyo. Si puedes pensarlo, ya está creado como posibilidad.

Empieza con cosas pequeñas que te ayuden a convencerte de tu poder para manifestar. La confianza que esto construye te ayuda a atreverte a soñar más grande, lo que convence a tu mente aún más en tu capacidad de crear lo que deseas. Una vez más, vuelve a los ejercicios anteriores y trabaja en creaciones menores a las que no tengas tanto apego para demostrarte a ti mismo y a tu mente que tus habilidades son poderosas.

Dígase a sí mismo que todo el Universo le apoya y quiere complacerle. Recuérdate constantemente que eres un Creador Poderoso.

Utiliza lo que mejor te funcione e intenta una manifestación cada vez. Diviértete y hazlo lúdico. El tiempo no importa. El éxito es algo que alcanzarás.

Esfuérzate por servir y ayudar a los demás con tus creaciones. Observa cómo tus manifestaciones traen el bien al mundo. Observa cómo todos los que te rodean pueden beneficiarse de tus creaciones. Al hacer esto, le das más poder a esas creaciones. Observa cómo la vida de los demás se hace más fácil gracias a tus dones específicos. Observa el beneficio de tu servicio a los demás. Llena tu mente con el bien que aportas a la vida de las personas.

Al servir a los demás, recibirás cualquier recompensa que busques. Estás aportando al mundo tus talentos específicos. Intenta dar más siempre que puedas. Empieza a notar cómo siempre recibes más de lo que puedes dar. Esté siempre abierto a mayores manifestaciones. Esto es vivir en un estado de abundancia, que creará abundancia en todas las áreas de tu vida.

www.ingramcontent.com/pod-product-compliance
Lightning Source LLC
Chambersburg PA
CBHW051732020426
42333CB00014B/1266
* 9 7 8 1 6 4 6 9 4 8 3 5 2 *